Capitaine MAURICE BOTTET

MONOGRAPHIE

DE

L'ARME A FEU PORTATIVE

DES

ARMÉES FRANÇAISES

PARIS

ERNEST FLAMMARION, ÉDITEUR

26, RUE RACINE, 26

MONOGRAPHIE

DE

L'ARME A FEU PORTATIVE

DES ARMÉES FRANÇAISES

DE TERRE ET DE MER

De 1718 à nos jours

fusil - P. W. Porter 1851.

carabine à neuf coups. à armement automatique
à magasin d'amorces - 2 fusils analogues sont
au musée d'artillerie. Donné en 1855 par le remett[eur]
[...]es, à l'empereur N. III N.

[...] charger l'arme lever la [...]ette en arrière
[...] [...] sur le côté [...] [...] le côté
[...]er sur son fusil [...] le [...]let [...], les
[...] [...] dans un [...] en [...] [...] chaque
[...] du [...]let le remettre en place et fermer
[...] par la manœuvre inverse à la [...]
[...] le magasin d'amorces a[...] le chien [...]
[...] qui pique [...] les amorces [...] la
[...] [...] en faisant tourner vers le [...] la
[...] qu'on [...] en spirale [...]

MONOGRAPHIE

DE

L'ARME A FEU PORTATIVE

DES

ARMÉES FRANÇAISES

DE TERRE ET DE MER

De 1718 à nos jours

PAR

MAURICE BOTTET

Capitaine de réserve au 51e, G o. A.
Membre du Comité de Perfectionnement du Musée de l'Armée
Ancien élève de l'École régionale de Tir
du Camp de Châlons,
Auteur de la *Monographie de l'Arme blanche des Armées françaises,*
Ouvrage honoré d'une souscription du Ministère de la Guerre.

OUVRAGE ORNÉ DE 5 PLANCHES PAR L. LACAULT

PARIS
ERNEST FLAMMARION, ÉDITEUR
26, RUE RACINE, 26

AVANT-PROPOS

La monographie de l'arme à feu des armées françaises, comme celle de l'arme blanche, a surtout pour but d'être utile aux collectionneurs et aux artistes et en même temps de résumer, en les rectifiant, les renseignements épars dans divers ouvrages et dans les aide-mémoires.

Mais il n'en est pas du tout pour l'arme à feu, le fusil d'infanterie s'entend, de même que pour l'arme blanche.

Si le sabre ou l'épée, comme le pistolet, sont des armes d'attaque ou de défense personnelle, le fusil et, par exception, ses dérivés, le mousqueton par exemple, sont des armes tactiques, et à chaque perfectionnement a correspondu un changement, aussi bien dans la tactique que dans la stratégie.

Présenter les armes à feu portatives en la sèche nomenclature d'un aide-mémoire, ce ne serait offrir au lecteur que leur squelette, pour ainsi dire, et non leur corps et leur âme, et je me suis efforcé, dans un bref historique, de donner à chacun des systèmes d'armes à feu qui se sont succédé en France sa physionomie, en expliquant les raisons de son adoption, les études qui y conduisirent et les inconvénients qui en résultèrent.

La longue période qui s'étend de 1718, date de l'institution des manufactures royales, à 1840, n'a été caractérisée par aucun perfectionnement notable du fusil, partant par aucun grand changement tactique, ceci en dehors de la stratégie de Frédéric II, de Napoléon Ier et de leurs émules.

L'adoption de la capsule, de la rayure, la réduction du calibre, le chargement par la culasse, la répétition, ont eu et auront trop d'influence sur le résultat des guerres modernes pour que, tout en évitant de professer un cours d'art militaire et balistique, j'aie pu négliger cette partie si intéressante de la question dont traite cette monographie.

Aussi, par des extraits des aide-mémoires de Gassendi, si fréquents en boutades, des décrets de la Convention, du rapport du colonel Boucheron sur les fusils à tige, de brochures contemporaines de l'adoption du fusil modèle 1866, etc., ai-je cherché à rendre à l'arme à feu son caractère anecdotique, en indiquant non des critiques expérimentales, mais les opinions courantes en l'an IX, en 1853, en 1866, par exemple.

Peut-être le lecteur sera-t-il tenté d'accuser la *routine* au sujet des lenteurs des transformations de l'armement. Le mot convient-il? Prudence exagérée parfois, me semblerait mieux à sa place. Qu'il veuille bien considérer que, de tout temps, l'armement d'une grande nation a été et sera chose difficile à transformer, parce que l'on sait d'où l'on vient et non où l'on va, et qu'à toute arme à feu, en dépit des expériences et des études les plus suivies, il faut la consécration de la guerre.

Comment se comporteront les armes d'aujourd'hui ou celles de demain, puisqu'au vingtième siècle les budgets n'en sont plus à une transformation, ni même à un armement près, comme jadis? Je laisse à d'autres plus autorisés que moi le soin de le prévoir, et je me borne à

constater que ce n'est pas tant dans la valeur d'un armement, que dans celle des troupes et du Commandement,
que réside la force d'une nation. Les exemples sont fréquents dans l'histoire d'armées ayant triomphé, en dépit
de la supériorité de l'armement de leurs adversaires.

Je me contenterai de décrire les armes à feu des
armées françaises pendant deux siècles de combats et de
gloires. « Elles sont les premières de l'Europe », disait
de Brack à ses chasseurs, pensant surtout de ses chasseurs ce qu'il disait des armes. La monographie que je
présente n'est qu'une étude rétrospective : qu'on n'y voie
pas le moindre esprit ou reflet de polémiques presque
oubliées. Je ne me suis inspiré ni des théories de l'infanterie, ni de celles de l'artillerie, et n'ai voulu faire qu'un
recueil de renseignements à l'usage des collectionneurs.
Tant mieux si d'autres peuvent y trouver quelque intérêt.

Pour ceux auxquels cet ouvrage est surtout destiné,
afin de leur permettre une étude facile, j'ai fait suivre la
désignation de chaque arme du numéro qu'elle possède
au Musée d'Artillerie, d'après le catalogue, fort bien fait
d'ailleurs, avec lequel je me trouve souvent en contradiction raisonnée.

Au sujet de la collection même du Musée, je ferai
remarquer qu'elle renferme de nombreux types provenant
du Dépôt Central et ayant servi à des essais, et qu'il n'y a
lieu d'accorder toute confiance qu'à ceux qui portent sur
la queue de culasse l'indication du modèle et les marques
de mise en service.

Il m'arrivera aussi de me trouver en contradiction
avec les aide-mémoires, ouvrages consciencieux dont je
reconnais la valeur, mais au sujet desquels l'Artillerie a
toujours décliné toute responsabilité.

CAPITAINE M. BOTTET.

DESCRIPTION SOMMAIRE

DES ÉLÉMENTS PRINCIPAUX D'UNE ARME A FEU

Il me paraît impossible de donner ici tous les termes techniques relatifs aux armes à feu anciennes et modernes. La description sommaire qui suit est extraite de l'*Instruction sur les armes à feu, armes blanches portatives, à l'usage des troupes françaises, rédigée et imprimée par ordre de S. A. le Maréchal Prince Alexandre, Ministre de la Guerre (Journal Militaire,* Juin 1806). J'ajoute que le règlement met en note : « Au moyen de cette description, il suffit, pour connaître le mécanisme du fusil, de le démonter et d'en examiner les pièces et leurs actions réciproques. »

NOMENCLATURE ET DESCRIPTION DES PIÈCES QUI COMPOSENT
LES ARMES A FEU PORTATIVES DES DERNIERS MODÈLES

CANON. — C'est le *tube* dans lequel on met la charge et avec lequel on dirige le coup où l'on veut qu'il frappe ; l'*âme* du canon est le vide intérieur ; la *bouche* est l'ouverture par laquelle on introduit la charge ; le *tonnerre* est la partie renforcée qui la contient ; la *lumière* est le petit trou cylindrique qui communique le feu de l'amorce dans l'intérieur du canon ; le *tenon* est le petit parrallélipipède ajusté à queue d'aronde et brasé au-dessous du canon, pour servir à fixer la bayonnette.

CULASSE. — C'est la pièce qui ferme l'orifice inférieur du canon en se vissant dedans. Elle a une *queue* qui s'applique sur le bois du fusil et qui est percée pour recevoir une vis qui assujettit le canon par en bas ; elle a aussi un *talon* échancré pour le passage de la grande vis de platine.

PLATINE. — C'est l'assemblage des dix pièces principales qui constituent le mécanisme au moyen duquel, en pressant la *détente*, la poudre mise dans le *bassinet* s'enflamme et communique *le feu* à la charge...

Elle est composée du *corps de platine*, du *bassinet*, de la *batterie*, du *chien*, de la *noix*, de la *bride de noix*, de la *gâchette*, de trois *ressorts* (le *grand*, celui de la *batterie* et celui de la *gâchette*) et de sept *vis* (non comprises celle du chien et les deux *grandes* qui fixent toutes les pièces au corps).

Corps de platine. — C'est la pièce percée d'un nombre déterminé de trous *taraudés*, pour recevoir les vis de toutes les autres pièces. Le pivot, au milieu duquel passe la vis de batterie s'appelle le *rempart de la batterie* et celui opposé, au travers duquel passe la grande vis de platine, se nomme la *bouterolle*. Le corps de platine a un encastrement destiné à recevoir le *bassinet*

Bassinet. — C'est la pièce *en cuivre* dont la direction et la *fraisure* correspond à la lumière du canon et contient l'amorce qui y est retenue par la *table* de la batterie. La *bride* du bassinet est la partie à l'extrémité de laquelle passe la vis de batterie ; sa queue est la partie qui fixe la pièce au corps de platine ; le *garde-feu* est la partie élevée du plan incliné qui ferme les bords latéraux et la *doucine* est sa saillie sur le corps de platine.

Batterie. — C'est la pièce contre laquelle frappe la pierre, lors de la chute du *chien*, pour donner du feu et allumer l'amorce... La partie qui couvre le bassinet s'appelle la *table*, *l'assiette*, *l'assise*, ou *l'entablement*; celle qui la surmonte s'appelle la *face*, elle est recouverte d'une feuille d'acier ; le *pied* est la partie dans le milieu de laquelle est percé un trou destiné à recevoir une vis pour contenir cette pièce entre la *bride* du bassin et le *corps* de platine ; la *trousse* est la partie droite qui s'appuie carrément sur le ressort lorsque le bassinet est découvert.

Chien. — C'est la pièce entre les *mâchoires* de laquelle est retenue la pierre, au moyen d'une *vis* qui est percée au milieu de sa tête, pour avoir la facilité de serrer ou de desserrer la pierre. La *crête* du chien est la partie droite dont la racine est à la *mâchoire inférieure* et l'extrémité élevée au-dessus de celle *supérieure*.

L'anneau ou le *cœur* est le vide formé par la *sougorge* et le *dos* du chien. Le *coude*, *l'espalet* ou le *support* est la partie qui appuie sur le corps de platine, lorsque le chien est abattu et l'empêche de s'abattre plus qu'il n'est nécessaire.

Le *carré* est le trou dans lequel passe la tige carrée de l'arbre de la noix, qui reçoit la vis servant à fixer la pièce au corps de platine.

Noix. — C'est la pièce sur laquelle roule particulièrement l'action de la platine ; elle a deux *pivots* diamétralement opposés : l'un qui se nomme *l'arbre* ou *l'axe* traverse le corps de platine et l'y fixe ; l'autre simplement nommé *pivot*, traverse la bride. Elle a aussi une *griffe* évidée pour recevoir celle du *grand ressort* et deux *crans* ou *crochets* dans lesquels le *bec de gâchette* s'engrène au *repos* ou au *bandé*.

Bride. — C'est la pièce qui, placée sur la noix, est destinée à la maintenir parallèlement au corps de platine, de façon cependant qu'elle ne la gêne point dans ses différents mouvements. Elle est prolongée pour couvrir *l'œil de la gâchette* et en recevoir la vis ; le *pivot de la noix* la traverse dans son milieu et son pied, qui s'appuie carrément sur le corps de platine, est aussi traversé par une vis.

Gâchette. — C'est la pièce coudée, dont la *grande branche* ou *queue*, est la partie contre laquelle appuie la *détente*, pour faire partir le coup lorsque le fusil est armé. La *petite branche* ou le *décant* est celle qui est terminée par un *bec* pour engrener dans les *crans de repos* ou du *bandé* de la *noix* et qui est traversée d'un trou dans lequel passe une vis qui assujettit la pièce au *corps de platine*.

Ressorts de platine. — Ce sont les bandes d'acier repliées et assujetties au corps de platine chacune par une vis et un pivot. La petite branche du *grand ressort* est terminée par une *patte* percée pour recevoir la vis : à l'extrémité de la grande est une *griffe* qui engrène dans celle de la noix ; quand cette branche est tendue, elle agit fortement sur la noix et la force à revenir d'où elle est partie, lorsqu'on fait sortir la *gâchette* du cran du bandé.

Au ressort de *gâchette*, la vis est placée à l'extrémité de la grande branche, et l'extrémité de la petite est plate. Ce ressort sert à contraindre la *gâchette* à rester engrenée dans les crans de la noix.

La grande branche du *ressort de batterie* est plate comme celle de la *gâchette*, et la petite, qui est percée pour recevoir la vis, terminée par une *patte*. Ce ressort est destiné à maintenir la batterie et à donner de l'élasticité à ses mouvements.

Vis. — Les deux *grandes vis* traversent le *porte-vis*, le *bois* et affleurent la partie extérieure du *corps de platine*. On a dit que les autres fixaient les autres pièces sur le corps de platine et que celle du chien serrait la mâchoire supérieure sur la pierre. Les *têtes* de toutes ces vis sont plates (*hors celles du chien qui sont rondes*) et fendues pour recevoir le *tourne-vis* ; leurs *tiges* cylindriques sont taraudées d'une quantité convenable.

GARNITURE. — Elle se compose de *l'embouchoir*, de la *grenadière*, de la *capucine*, des *ressorts* pour les pièces, du *porte-vis*, de la *sougarde*, de la *détente* et de la *plaque de couche*.

Embouchoir. — C'est la pièce qui embrasse le bois et le canon, et dont l'extrémité supérieure est affleurée par la *douille* de la bayonnette. Il a un *entonnoir* pour le passage de la baguette et deux *bandes* ou *barres* ; sur le milieu de celle inférieure est brasé un *guidon* en cuivre, de la forme d'un *grain d'orge*, qui sert pour viser.

Grenadière ou boucle du milieu. — Elle est placée à une distance déterminée de l'embouchoir et porte un *battant* retenu par un *clou rivé*.

Capucine. — C'est un anneau ovale qui se place à l'endroit où le canal de la baguette est recouvert par le bois ; elle a un *bec* coupé carrément.

Ressorts de garniture. — Ils sont en bois, à *crochet* et à *goupille* et logés dans le bois au-dessous des boucles. A leur extrémité supérieure, il y a un *pivot* pour retenir les pièces qui sont percées à l'endroit convenable.

Porte-vis, contre-platine ou *esse.* — Il a la forme d'un S. Ses deux bouts sont percés pour recevoir les grandes vis de la platine.

Sougarde. — C'est l'assemblage de la pièce de *détente* ou *écusson* et du *pontet.*

Pièce de détente. — C'est la pièce qui, prolongée, sert de derrière au pontet ; elle a un taquet à son extrémité supérieure, pour recevoir l'extrémité de la baguette, et elle est fendue à des distances prescrites : 1° pour le passage de la *queue du battant* ; 2° pour le passage de la *détente* ; 3° pour celui du *crochet à bascule.* Elle a aussi, vers la partie inférieure, deux élévations perpendiculaires à sa longueur, lesquelles avec le *nœud postérieur* du *pontet,* servent à loger les doigts pour tenir l'arme solidement à l'épaule et pour *forcer* à la bayonnette. Cette pièce est retenue sur le bois par la *vis de culasse* qui traverse une houterolle placée au-dessous et par une *vis à bois.*

Pontet de sougarde. — C'est la pièce qui s'ajuste sur l'*écusson* et qui est destinée à garantir la détente. La partie supérieure est une surface courbe dont la largeur va en diminuant jusqu'aux nœuds ; le devant qui est terminé en *goutte de suif,* a une fente pour recevoir la *queue du battant* ; le nœud postérieur porte, au-dessous de son embase, un crochet de la même longueur et largeur que la fente pratiquée à la pièce de *détente* pour le recevoir.

Détente. — C'est la pièce destinée à faire partir la *gâchette.*

Battant de sougarde ou d'en-bas. — Il est entièrement conforme à celui de grenadière ; sa queue traverse le devant du *pontet* de l'*écusson* et est percée pour le passage d'une goupille qui fixe la pièce au bois. Ce battant et celui de la grenadière sont destinés à recevoir une courroie pour porter le fusil en bandoulière.

Plaque de couche. — Pièce qui garnit l'arrière de la crosse.

Vis de garniture. — Leurs têtes sont arrondies par dessus en *goutte de suif.*

Goupilles. — Ce sont des espèces de petites chevilles d'acier de forme cylindrique qui servent à fixer le ressort de baguette, le battant de la sougarde et la détente sur le bois.

Baguette. — Elle est totalement d'acier. Sa tête est en *poire* et le bout est taraudé pour se visser dans le *tire-bourre.* La baguette est pressée dans la partie inférieure de son *canal* par un ressort à *feuille de sauge* ou *cueilleron* incrusté dans le bois sous le canon et retenu par une goupille.

MONTURE. — On entend par *monture du fusil*, la mise en bois du *canon*, de la *platine*, de *l'embouchoir*, etc. ; la partie du bas dans laquelle sont pratiquées le *canal* du canon, celui de la baguette et les *embases* pour la *grenadière* et la *capucine*, s'appelle le *fût* ou le *devant*. La *crosse* est la partie la plus large, dont l'extrémité s'appuie sur l'épaule pour tirer. Le dessus de cette crosse s'appelle le *busc*. L'intervalle compris entre l'extrémité du corps de platine et ce busc est la *poignée*. L'encastrement de la platine est la partie *renforcée* du bois, du côté de la lumière.

TIRE-BOURRE. — Il est à trois branches dont deux en spirales et une, qui est au milieu, est droite et a des filets un peu allongés. Sa tête est percée dans le milieu et taraudée pour recevoir le petit bout de la baguette à l'aide de laquelle il sert à retirer la charge du canon ; il est d'acier.

TOURNE-VIS. — Il a trois branches se réunissant au même centre : deux à biseau servant de tourne-vis et l'autre cylindrique à serrer ou à desserrer la vis du chien. Il est d'acier.

BAYONNETTE. — C'est la pièce qui s'adapte à l'extrémité supérieure du canon et qui réunit en quelque sorte au fusil l'avantage de la *pique*. La *douille* est la partie qui enveloppe le bout du canon ; elle est fendue pour le passage du *tenon* et elle a une virole qui sert à l'y assujettir. Les extrémités de cette virole sont repliées en dehors et forment deux *rosettes* percées dans leur milieu ; celle du côté du *coude* est taraudée pour recevoir l'*écrou* de la vis qui les serre l'une à l'autre.

Il y a un *pivot rivé* sur la *douille* pour retenir la virole à sa place ; ce pivot s'appelle *étonteau*.

Le *coude* de la bayonnette est la partie qui tient la *lame* à une certaine distance de l'axe de la *douille*, ce qui laisse la facilité de charger et de tirer le fusil sans ôter la bayonnette. La *lame* est la partie élevée de forme triangulaire, aiguisée, à dos et évidée ; elle est en acier, la douille et la virole sont en fer.

J'ai jugé utile de reproduire cette description, qui ne manque pas d'un certain pittoresque. C'est à elle que je me référerai dans les descriptions succinctes des armes de différents modèles. Il sera facile au lecteur de la compléter pour les fusils postérieurs aux modèles 1816 et 1822. Elle est si bien faite qu'il eut été malhonnête de la démarquer.

MONOGRAPHIE
DE L'ARME A FEU PORTATIVE
DES ARMÉES FRANÇAISES

ARTICLE I

De 1718 à 1792

L'uniforme et le fusil caractérisent le fantassin moderne tel que Louvois et Vauban l'ont créé; l'emploi du feu joint à celui des colonnes d'attaque la tactique depuis les dernières années du règne de Louis XIV jusqu'en 1858.

« Feu M. le baron d'Asfeld me raconta en 1715, peu de temps avant sa mort, dit le père Daniel dans son *Histoire de la Milice française*, qu'en 1689, étant revenu de Hongrie où il avait commandé un corps de deux mille hommes envoyé par le roi de Suède au secours de l'Empereur contre les Turcs, M. de Louvois le questionna fort sur la manière dont la guerre se faisait en ce pays; qu'à cette occasion, il dit, entre autres choses, à M. de Louvois, que l'Empereur avait ôté les piques à ses troupes et avait donné des mousquets à toute l'infanterie; que ce qui avait déterminé ce prince à ce changement était que les Turcs savaient bien mieux manier le sabre que les Chrétiens, qu'ils s'en servaient avec succès contre les piquiers et que, d'ailleurs, ils appréhendaient beaucoup le feu; que sur cette réflexion l'Empereur avait pris son parti et qu'il avait aboli les piques pour augmenter le nombre des mousquetaires et par conséquent pour multiplier le feu; que, par la même raison, dans les combats, on serrait plus qu'auparavant les bataillons et les escadrons, et qu'on laissait moins d'intervalle pour empêcher que les Turcs puissent si aisément les prendre en flanc quand on se mêlait.

« Il m'ajouta que M. de Louvois ayant fort goûté ces raisons

1

et quelques autres qu'il ajouta contre l'usage des piques, que ce ministre en parla au roi, qu'il en fut ébranlé, mais qu'il ne put se résoudre à faire un changement de cette conséquence....; qu'une chose qui arriva à la bataille de Fleurus, en 1690, réveilla cette pensée, c'est qu'on eut beaucoup moins de peine à venir à bout de quelques bataillons hollandais, qui avaient des piques, que de quelques bataillons allemands qui n'en avaient pas, et cela à cause de leur grand feu.

« La chose en demeura là pour lors. Voilà ce que j'ai su d'ailleurs et d'aussi bonne part. M. le maréchal de Catinat faisant la guerre dans les Alpes aux Barbets, ôta les piques à ses soldats, parce qu'elles étaient moins propres pour ces combats de montagne et que le grand feu y était beaucoup plus utile ; que l'on continua à en user de même dans les guerres d'Italie, parce que le pays, qui était fort couvert, ne permettait pas de s'étendre beaucoup en plaine ; qu'enfin le roi, dans la suite, ayant consulté plusieurs généraux d'armée qui ne furent pas tous d'un même avis et ayant pris les raisons de part et d'autre, il s'en tint au sentiment de M. le maréchal de Vauban qui était d'abolir les piques, contre celui de M. d'Artagnan, depuis maréchal de France sous le nom de Montesquiou et alors major des gardes-françaises ; qu'en conséquence, *l'année 1703*, ce prince fit une ordonnance par laquelle toutes les piques furent abolies dans l'infanterie et qu'on y substitua des fusils. C'est là l'époque de ce changement général, d'un des plus considérables qui se soit fait depuis longtemps dans la milice française.

« On a cru pouvoir suppléer au défaut de piques par la bayonnette au bout du fusil. Cette arme est très moderne dans les troupes. Je crois que le premier corps qui en ait été armé est le *Régiment des fusiliers du roi*, créé en 1671 et appelé depuis *Régiment de Royal-Artillerie*. Les soldats de ce régiment portaient la bayonnette dans un petit fourreau, à côté de l'épée.

« Ce fut en 1699 et 1700 que l'on substitua le fusil au mousquet avant même qu'on eût retranché définitivement les piques. Les premières armes portatives dont l'infanterie se servit d'abord dans nos armées furent les arquebuses, car je n'ai pu trouver, dans nos histoires, d'armes portatives plus anciennes. Ensuite vint le mousquet et enfin on s'est déterminé à ne se servir que de fusils. »

Entre le mousquet et le fusil, il n'y avait qu'une différence, celle de la mise de feu. Malgré de nombreux ratés, le *fusil,* petite pierre taillée de silex pyromaque, qui donna son nom à l'arme, préférée définitivement au *chenapan*, pyrite donnant des étincelles, mais s'effritant trop, avait des avantages incontestables sur la mèche incommode du mousquet. Je laisse de côté la platine à rouet dont l'usage fut toujours exceptionnel en France, et c'est ainsi que, dès le commencement du XVIIIe siècle, le fusil ainsi nommé par son mode de mise de feu, complété par l'ingénieuse invention de Vauban qui remplaça la bayonnette à manche par la bayonnette à douille, arme de jet et d'hast, constitue l'armement définitif, non seulement du fantassin français, mais aussi de celui de l'Europe entière.

Ce n'est pas que les piques n'aient été regrettées, même par de grands génies militaires tels que le maréchal de Saxe. Dans le courant du XVIIIe siècle et même après, elles furent souvent réclamées par tous ceux de l'école du chevalier Folard, dont un des derniers représentants fut le maréchal de Hohenlohe. La Convention organisa des bataillons de piquiers, leur donna une tactique; mais ce ne fut là qu'une mesure imposée par la pénurie de l'armement, et il est à douter qu'en dehors des tacticiens, le soldat eut jamais préféré la pique au fusil.

La création des manufactures royales d'armes compléta d'une façon définitive et indispensable la réforme de l'armement de l'infanterie française. Jusqu'en 1718 la charge de l'armement confiée aux Capitaines, ne pouvait donner que les plus mauvais résultats. Dès 1718, les manufactures royales de Charleville, Saint-Étienne, Maubenge, et d'Alsace au Klingenthal, cette dernière réservée aux armes blanches, commencèrent à fonctionner sous le régime de l'*Entreprise* et sous le contrôle d'inspecteurs du *Corps royal de l'artillerie*, secondés par des capitaines en second. Ainsi se trouvait réalisée une des conditions les plus essentielles d'un armement moderne en dehors de la bonne fabrication, l'uniformité. L'histoire des manufactures royales n'est pas du cadre de cette étude; il suffira de dire qu'elles fonctionnèrent normalement jusqu'en 1792 sans grands changements dans leurs règlements, époque à laquelle les nécessités du moment imposèrent une fabrication hâtive et forcément inférieure, sous le régime de la *Régie*.

Le premier modèle réglementaire fabriqué par les manufactures royales fut le fusil modèle 1717, arme d'aspect assez différent de celui du fusil 1777 qui fit les guerres de l'Épopée, de deux pouces (près de quatre centimètres) plus long. La longueur de l'arme n'était point indifférente alors ; elle permettait de suppléer au défaut des piques et d'exécuter le feu sur trois rangs ; et cette dernière considération maintint jusqu'en 1566 la longueur du fusil d'infanterie dans les environs de un mètre et demi, bien que depuis les premières années du XIVe siècle la formation sur deux rangs ait été presque la seule usitée.

Le modèle 1717 comportait une bayonnette à douille de 14 pouces, soit 379 millimètres de longueur, arme encore bien imparfaite, car elle n'était assujettie au canon que pour un effort longitudinal, et à défaut de virole ou de ressort pouvait tourner librement. Ce petit problème ne devait être résolu qu'en 1763.

Un autre inconvénient grave résultait de la matière dont était faite la baguette. Le second modèle des armées françaises, celui de 1728, comporta encore une baguette en bois, mais renforcée par une douille en fer. Le modèle 1746 fut le premier à baguette de fer.

Si l'on en croit la légende, les modèles 1746 et 1754 munis de baguettes entièrement métalliques ne devaient pas encore être très répandus dans les armées royales qui combattirent en 1757 à Rosbach, et c'est aux baguettes de fer qu'on attribue l'avantage de l'armée prussienne dû, je crois plutôt, à la tactique de son chef. Le modèle 1763 fut pourvu d'une baguette métallique, non plus à tête de clou, mais à tête de poire en acier. Le modèle 1766, ainsi que les suivants, reçut une baguette entièrement en acier.

Jusqu'alors les manufactures royales ne s'étaient occupées que de la fabrication du fusil d'infanterie. Les premiers systèmes d'armes à feu, et, par ce mot, il faut entendre l'ensemble d'armes de même calibre et de même mode de mise de feu, tirant la même cartouche, appropriées au service particulier de chaque troupe comportant fusils, mousquetons et pistolets, datent de 1763 et de 1776, ce dernier portant la marque de 1777.

Carabines et pistolets, jusque-là, comme les sabres et les épées, étaient à la charge des corps, et tout ce qu'on exigeait de ceux dont ils étaient la propriété, était une même longueur de lame pour les armes blanches et un même calibre pour les armes à feu. L'extrait suivant de la *Milice Française* en donnera une idée.

« Compagnie des chevau-légers de la maison du roi

« *Armement.* — Leurs armes sont des sabres ou des épées uniformes et des pistolets. L'uniformité n'était point pour les pistolets. Chacun les avait tels qu'il jugeait, jusqu'à l'an 1714, que Monsieur le duc de Chaulnes en fit faire deux cent trente paires uniformes marquées de trois fleurs de lys, qu'il distribua gratis aux chevau-légers et qui devaient être rapportés au magasin avec le reste de l'uniforme. On a ajouté dans les dernières guerres aux armes ordinaires vingt carabines brisées (1), qui se portent dans un fourreau comme les pistolets. Elles furent données pour être portées par les vingt derniers pensionnaires. C'est pour servir seulement dans certaines occasions d'escarmouche, avant qu'on en vienne aux mains.

« Carabiniers en 1720

« *Armement.* — Des épées de même longueur et largeur ; des carabines rayées pareilles et de tout ce qu'il faut pour les charger, observant d'avoir des balles de deux calibres, les unes pour entrer à force avec le marteau et la baguette de fer, et d'autres plus petites pour recharger plus promptement si l'on en a besoin ; les pistolets les meilleurs que l'on pourra et de 15 pouces de longueur. (Instruction du Roi sur ce qui regarde son régiment de carabiniers à la création du régiment en 1693.) Les carabines auront trente pouces de canon. Il sera permis aux officiers subalternes d'avoir de petites carabines, pourvu qu'elles soient bonnes ».

Il est curieux que les carabines qui semblent, d'après ces extraits, avoir été en faveur au commencement du xviiie siècle, aient presque disparu peu à peu de l'armement des troupes françaises, au courant du siècle, pour ne former qu'un armement de fantaisie. Cependant qu'en Prusse et en Autriche, des bataillons entiers étaient armés d'armes rayées, en France, des esprits supérieurs, tels que le général Gassendi, les tinrent longtemps en défaveur, sans s'apercevoir que les défauts qu'on leur reprochait, tels que les difficultés de forcement ou l'incomplète combustion de la poudre, pouvaient être rectifiés par des études approfondies.

L'usage précédemment cité pour les officiers des carabiniers

1. Arme à canon brisé. — Le canon est composé de deux parties qui se réunissent au tonnerre. La partie supérieure est à écrou, l'autre à vis.

de porter de petites carabines de botte, n'en persista pas moins
longtemps dans l'armée française et j'aurai l'occasion d'en reparler
au sujet des armes de luxe du Consulat. La manufacture de
Versailles en fabriqua de différentes longueurs et rayures ainsi
que des espingoles ou tromblons donnés souvent comme armes
de *récompense nationale* et portées en campagne même par les
généraux. Plus tard même, en Afrique et en Crimée, les officiers
portèrent de ces armes.

Ces réglementations partielles prouvent que sauf dans la
maison du Roi, l'armement des cavaliers fut laissé à la disposition des corps, jusqu'à la réglementation de cette partie de
l'armement par l'adoption des systèmes 1763 et 1777 qui comportèrent, outre le fusil d'infanterie, un fusil de dragon, un
mousqueton de dragon et un modèle de pistolet. L'esponton des
officiers particuliers de l'infanterie avait été, de plus, remplacé
dès 1754, par un modèle de fusil analogue au fusil d'infanterie,
mais allégé.

Dès lors l'armement est devenu régulier pour l'armée française
entière. Le modèle 1777, armé de sa bayonnette à virole, a fourni
une carrière de près de quarante années, et le modèle des guerres
de l'Empire n'est autre que celui de celles de la Monarchie, corrigé
simplement avec soin sous la direction du général Gassendi, sans
que les légers détails qui furent l'objet des corrections et même
l'adoption de la percussion en 1840, aient, jusqu'en 1854, presque
rien ajouté aux propriétés balistiques et tactiques de l'armée,
ni remédié à ses défauts, particulièrement jusqu'en 1840 à la
fréquence des ratés et toujours au manque de justesse et de
portée.

DESCRIPTION DES MODÈLES RÉGLEMENTAIRES
DE 1717 A 1792

Nota. — La description suivante est faite d'après l'aide-
mémoire de 1809 du général Gassendi et le mémoire sur la fabrication du chef de bataillon Cotty (1806), les aide-mémoires
modernes, qui ne sont que des documents officieux, et les collec-
tions du Musée d'Artillerie. Aux mesures données par ces différents ouvrages qui souvent se contredisent, la monographie
ajoutera la hauteur totale (HT), prise sur les modèles du Musée.

Mais il faut remarquer qu'en raison de la tolérance admise anciennement, ces hauteurs ne sont qu'approximatives, quoique très suffisantes pour les artistes.

FUSIL MOD. 1717 (m. 441) (1). (Platine pl. I, Ensemble pl. II).
HT 1,587ᵐᵐ.

Canon rond de 1ᵐ,191 (44 pouces) à un seul pan supérieur ; guidon brasé à embase carrée et à *pointe de diamant* servant de tenon à la bayonnette, quatre tenons brasés sous le canon pour le fixer à l'aide de goupilles (c'est le seul fusil qui comporte ce mode d'ajustage). Calibre de 18 à la livre (17ᵐᵐ5 ; 7 lignes 9 points).

Monture très haute, de la forme de celle du mousquet, se terminant par une capuche en fer ; grenadière se terminant du côté de la baguette par un biseau élargi ; deux battants en forme d'anneaux ronds sur le côté gauche de l'arme, l'un à la grenadière, l'autre à un piton rivé dans le logement de la platine. Plaque de couche prolongée à l'arrière et maintenue par une goupille. Platine carrée ; bassinet en fer avec garde-feu, le derrière du corps de la platine terminé en ovale ; bride formant rosette entre les vis de batterie et de ressort de batterie ; chien en *col de cygne*, la vis fendue ; vis rondes.

Baguette en bois.

Bayonnette sans virole. (Voir article spécial : *le Fusil arme d'hast.*)

FUSIL MOD. 1728 (m. 442).

Le modèle 1728 diffère du précédent par le *mode d'ajustage du canon au bois*. Celui-ci est maintenu par un embouchoir à deux bandes ; une grenadière et une capucine à bec, en fer. La bride entre la vis de batterie et le ressort de batterie est supprimée. Le bassinet en fer porte une bride formant rosette sous la vis de batterie ; battants à gauche comme au précédent.

Baguette en bois renforcée par une douille en fer, légèrement en poire.

FUSIL MOD. 1746 (m. 443).
HT 1,580ᵐᵐ.

Canon à huit pans longs de 44 pouces ; derrière de la platine terminé en pointe ; pas de bride de bassinet ; chien à col de

____

1. Numéro du Catalogue du Musée d'Artillerie.

cygne ; pas de ressort de baguette ; fût sans embase, puis les garnitures qui tiennent à frottement ; le reste comme au modèle précédent ; embouchoir très court.

Baguette en fer à *tête de clou.*

NOTA. — Ce fusil est le premier décrit par les aide-mémoires de l'an IX et de 1809.

FUSIL MOD. 1754 (m. 444).
   HT 1,580^{mm}.

Le modèle diffère du précédent par les anneaux toujours ronds de battants placés sur le devant de l'arme, les ressorts et crochets des boucles, l'embouchoir plus long de 1/3.

Poids : 10 livres 4 onces.

NOTA. — Le fusil d'officier de grenadiers modèle 1754 est semblable à celui du soldat, sauf sa longueur réduite à 4 pieds 1/2, la bayonnette à 8 pouces 1/2, et son poids est de 7 livres ; un ornement au trait sur les garnitures (m. 444).

FUSIL MOD. 1763 (m. 447).
   HT 1,520^{mm}.

Canon rond de 1^m,137 (42 pouces), à deux pans latéraux. Calibre de 17^{mm},5. Lumière cylindrique ; bouton de culasse à encoche ; pas de guidon ; tenon de bayonnette au-dessous du canon.

Monture comme le précédent ; battants plats ; ressort de baguette à l'embouchoir à cuvette et à deux bandes portant guidon en laiton ; sousgarde formant pontet maintenant la pièce de détente indépendante et recevant la vis de queue de culasse ; plaque de couche sans goupille.

Platine carrée ; bassinet en fer à bride avec garde-feu ; batterie à deux retroussis, l'un au pied, l'autre en haut ; chien à gorge avec renforcement intérieur (*à espalet*). Pèse 10 livres.

Baguette en acier à tête de poire.

Bayonnette mod. 1763, à virole basse. (Voir *le Fusil arme d'hast.*)

MOUSQUETON MOD. 1763 (m. 450). (Ensemble pl. II).
   HT 1,140^{mm}.

Canon de 787^{mm} (29 pouces). Calibre de 17^{mm},1 (7 lignes 7 points).

Monture avec le fût prolongé jusqu'à la bouche. Trois boucles en laiton (embouchoir et grenadière à deux bandes) ainsi que la plaque de couche : la capucine à bec portant la tringle et son anneau en fer, l'autre extrémité supportée par la vis inférieure de platine ; porte-vis en laiton ; anneaux de battants à la grenadière et à la crosse.

Baguette à tête de clou.

Système 1766.

Fusil mod. 1766 (m. 451).

Canon comme le précédent mais plus léger ; ressort de baguette fixé à la partie inférieure du canon ; chien à espalet.

Baguette à tête d'acier à tête de clou.

Bayonnette à ressort. (Voir art. IX : *le Fusil arme d'hast.*)

Mousqueton mod. 1766 (m. 453).

Semblable au mousqueton 1763. Guidon en fer sur le canon et fût très court s'arrêtant à environ 35^{cm} de la bouche ; capucine en fer formant bracelet et supportant la tringle, sans embase sur le fût ; pas de battants.

Nota. — A ce système se rattache le fusil de Cadet-Gentilhomme catalogué au Musée d'Artillerie (m. 432). (Cons. la note à la fin de cet article).

Fusil mod. 1768 (m. 454).
   HT 1,495^{mm}.

Ce fusil ne diffère du précédent que par les battants en anse de panier et le pivot de sougarde.

Bayonnette à virole mod. 1763.

Fusil mod. 1770 (m. 455).
   HT 1,495^{mm}.

Canon comme au précédent, mais plus fort ; platine demi-ronde ; anneaux boucles, garnitures plus fortes ; taquet faisant partie de la pièce de détente ; ressort de baguette tenant à la capucine.

Bayonnette à virole mod. 1763.   (Gassendi 1809.)

Fusil mod. 1771 (m. 456).
   HT 1,520^{mm}.

Tenon de la bayonnette en dessous du canon. — Canon renforcé, ainsi que les boucles, platine ronde. Bassinet en fer ; plus de taquet à la pièce de détente. Ressort de la baguette mis au *domino*. Monture en *gique* (offrant un renflement convexe au-dessous de la poignée). Busc très diminué.

Bayonnette mod. 1763.   (Gassendi 1809.)

Fusil. mod. 1773 (m. 457).

Canon de même, ainsi que la platine et les anneaux de garniture ; point de taquet ; ressort de baguette tenant au canon ; pèse 9 livres 6 onces.

Nota (Aide-mémoire 1809). — Il existe de ce modèle un fusil de Cent-Suisses.   (Gassendi 1809.)

Fusil mod. 1774 (*n'existe pas au Musée d'Artillerie*).

Canon, platine (hors la trousse de la batterie qui est supprimée), anneaux et garnitures de même ; point de taquet ; ressort de baguette tenant à la capucine ; ressort à griffe tenant au canon pour retenir la bayonnette qui porte un bourrelet ; baguette d'acier à tête en poire : pèse 10 livres.   (Gassendi 1809.)

Nota. — Dans tous ces fusils le busc est très relevé et la crosse très évidée, de sa naissance à la plaque de couche.

Il existe aussi un mousqueton de la maréchaussée mod. 1770 avec canon de 30 pouces de long, non décrit dans les aide-mémoires et pourtant encore en service sous l'Empire.

Système de 1776 marqué 1777

Fusil d'infanterie (m. 459). (Platine pl. I, Ensemble pl. II).
HT 1,520^{mm}. — Pèse 9 livres 8 onces.

Canon à cinq pans courts de 1^m,137 (42 pouces). — Calibre de 0^m,175 (7 lignes 9 points). Lumière cylindrique percée de bas en haut. Tenon taraudé de vis d'embouchoir. Bouton de culasse à encoche.

Monture légèrement en *gique*, joue à la crosse. Garnitures en fer. La pièce de détente prolongée en avant et en arrière prend le nom d'*écusson* (Aide-mémoire de 1879). Ressort de baguette à l'embouchoir. Taquet à la pièce de détente. Pontet à bascule. Toutes les têtes de vis plates. Embouchoir à vis, celle-ci placée à droite. Grenadière à vis sur le bois. Capucine à bec carré avec ressort à crochet, joue à la crosse. Plaque de couche plane par dessous et ployée à angle droit.

Platine à pointe postérieure arrondie, bassinet en *laiton*, sousgarde fixe, batterie à *retroussis* et à talon, la face très pentée ; la trousse droite s'appuyant carrément sur le ressort. — Chien à *espalet*.

Baguette en acier à tête de poire.

Bayonnette mod. 1777 à trois fentes (*Voir article spécial*).

FUSIL DE DRAGONS MOD. 1777 (m. 460).
   HT 1,463ᵐᵐ.

Canon de 1ᵐ,083 (40 pouces). — Garnitures en laiton, à l'exception de la grenadière en fer, à deux bandes. Le reste comme un fusil d'infanterie, bayonnette en fer.

Bayonnette mod. 1777.

FUSIL D'ARTILLERIE MOD. 1777 (m. 467).
   HT 1,305ᵐᵐ.

Canon de 0ᵐ,920 (34 pouces). — Garnitures en laiton, y compris la grenadière. Le reste, comme un fusil, battants en fer.

Bayonnette mod. 1777.

FUSIL DE MARINE MOD. 1777 (mod. 462).
   HT 1,463ᵐᵐ.

Disposition du fusil d'artillerie. Battants en laiton.

MOUSQUETON DE CAVALERIE MOD. 1777 dit de *grosse cavalerie*
      (m. 464)
   HT 1ᵐ,172. — C'est la plus longue des armes de ce genre.

Canon de 0ᵐ,847. — Semblable à celui du mousqueton 1766, tringle ; capucine en laiton. Baguette à tête en forme de poire, joue à la crosse.

MOUSQUETON DE CAVALERIE MOD. 1786 (mod. 466 à 469) dit
      de *cavalerie légère*. (Ensemble pl. II).
   HT 1,065ᵐᵐ.

Canon de 704ᵐᵐ, à cinq pans courts ; fût très court, sans joue ; boucles et garnitures en laiton ; embouchoir à long bec maintenu par la grenadière en fer, qui forme bracelet et soutient la tringle ; point de capucine. Baguette en acier traversant toute la monture.

NOTE SUR LES ARMES A FEU DE LA MAISON DU ROI

Il existe aux Archives de l'Artillerie quelques pièces malheureusement non datées, à l'exception de la plus ancienne (1727), sur les mousquetons des Gardes du corps du roi. Ces armes, primitivement de très petit calibre, passèrent à celui de 18 à la livre. On les distinguera au canon bronzé, à l'ajustage par trois tenons à la monture, à leur porte-baguette à goupille et au renforcement du canon près de la bouche, primitivement en bourrelet.

En 1727, ces armes furent établies, à Saint-Étienne, par le sieur Girard, entrepreneur. La longueur du canon varie de 34 pouces à 35 1/2. Les canons portaient l'inscription damasquinée d'or : *Gardes du corps du Roy*.

Vers 1756, ces mousquetons portaient une tringle, et, encastrée, une pièce de pouce en cuivre, timbrée d'une couronne fermée, gravée du nom de chaque compagnie dans *la* cartouche.

Une carabine et des pistolets furent établis dans le même goût avec le soleil sur la culasse pour ces derniers.

Vers 1775, ces mousquetons reçurent une batterie à tourniquet. Le canon fut de 33 pouces de longueur, l'arme de 4 pieds de hauteur totale, la crosse très droite ; les garnitures et le canon entièrement poli.

Ces armes ne sont pas représentées au Musée d'Artillerie.

FUSIL DE CADET-GENTILHOMME

Il est tracé dans les mêmes Archives d'un modèle de fusil de cadet-gentilhomme, commandé en 1727 aux entrepreneurs des manufactures, au nombre de 588. Les renseignements complémentaires font défaut sur cette arme dont la monture, sauf allégement, devait rappeler celle du fusil mod. 1728. Ce modèle fut remplacé par le modèle 1766 (m. 452).

ARTICLE II

De 1792 à 1816

Dès le 12 juin 1792, avant même que l'Assemblée eût déclaré
la Patrie en danger, un décret prohibait la sortie de toutes
armes et munitions de guerre et déterminait les mesures à prendre pour approvisionner les arsenaux et magasins nationaux.

« ARTICLE PREMIER. — Jusqu'à ce qu'il en ait été autrement
ordonné, la sortie à l'étranger de toute espèce d'armes et de munitions de guerre est et demeure supprimée. Sont expressément
compris dans cette prohibition les fusils et la poudre de chasse,
les pistolets de poche et d'arçon, etc.

« ART. 3. — Le pouvoir exécutif donnera les ordres les plus
précis pour faire le plus promptement possible, dans tous les
arsenaux et magasins nationaux du royaume, la recherche de tous
les fusils qui, soit par leur calibre, soit par leur longueur, leur
forme ou leur défaut de bayonnette ne pourraient être d'aucun
secours dans les armées, mais pourraient être cependant d'une
grande utilité entre les mains des citoyens habitant les campagnes
des départements frontières. Ces fusils seront marqués A. N.,
signifiant *garde* ? (arme) *nationale*. »

Le 11 juillet, jour où ce décret fut sanctionné, l'Assemblée
déclara la patrie en danger. L'armement était insuffisant ; d'après
l'aide-mémoire de 1809, les manufactures royales ne recevaient
que la commande de 20,000 fusils par an et ne pouvaient guère
en fournir que le double ; les réquisitions ne pouvaient fournir
qu'un armement d'occasion.

Les décrets qui se succédèrent parsemèrent le territoire français de manufactures et d'ateliers improvisés dans le Bas-Rhin, le Doubs, la Drôme, les Bouches-du-Rhône, la Gironde, la Loire-Inférieure, le Pas-de-Calais, la Moselle, et surtout les départements de la Seine et de Seine-et-Oise.

Les ateliers de Paris, dont est issue la célèbre manufacture de Versailles, furent particulièrement l'objet de l'attention de la Convention. Tandis que des représentants s'en allaient en mission surveiller les ateliers de province, dans le sein du Comité de Salut Public se formait une *Commission des armes de la République* qui s'installait quai Voltaire, n° 4, et centralisait toute la direction de l'armement qui fut distrait des attributions des ministères de la guerre et de la marine jusqu'au 8 thermidor an V.

Le 13 brumaire an II, les trois ordonnateurs de la fabrication parisienne se présentaient à la barre de la Convention.

« On ne fabriquait que 50,000 fusils, en France, sous le règne des Tyrans..... Toutes les puissances de l'Europe n'en fabriquent que 200,000 par an. La Convention, par son décret du 23 août dernier, a demandé à la Ville de Paris 300,000 fusils. Il faut ordinairement deux ans pour monter une manufacture d'armes. Voilà dix-huit mois que celle de Moulins est commencée et il n'y a pas un seul fusil de produit. Voilà deux mois que la Convention a décrété une fabrication extraordinaire à Paris et nous lui présentons des fusils fabriqués de toutes pièces dans cette grande commune.

« Les suppôts des puissances étrangères, de Pitt et de Cobourg, se sont agités dans tous les sens pour entraver cette fabrication. Plusieurs même se sont couverts du masque du patriotisme le plus exalté pour arriver plus sûrement à leur but. Les trois administrateurs se sont réunis dans le sein du Comité de Salut Public, et, aidés de sa puissance, ils ont vaincu tous les obstacles.

« 19 ouvriers forgent des canons au Luxembourg et 104 sont forgés ; 20 ouvriers à la place de l'Indivisibilité et 134 sont forgés ; 30 platineurs montent les outils à l'atelier de la maison de Brachi ; 40 travaillent à l'atelier du Marché au poisson, section de Bonne-Nouvelle ; 36 aux écuries de Montmorency ; 138 aux Chartreux ; 24 monteurs et ajusteurs travaillent à l'atelier des écuries du ci-devant Monsieur, rue Plumet ; 32 rue des Jacobins, rue Saint-Dominique, et 200 fusils ont déjà été fabriqués ; 63 ouvriers travaillent à la maison d'Egmont, rue des Piques, et 175 ont été fabriqués ; 130 ouvriers travaillent à l'atelier de rhabillage, île de la Fraternité ; 112 aux Capucins, rue Saint-Honoré, ce qui fait 633 ouvriers en pleine activité dans les ateliers de Paris. Indépendamment de ce travail, 800 marchés ont été passés par les ouvriers de Paris qui travaillent dans les ateliers particuliers, et déjà 2,000 ouvriers sont en activité, *et cette fabrication de 1,000 fusils par jour, qui eût été un beau roman pour le reste de l'Europe, se réalise à Paris* (1). »

La fabrication était certes enfiévrée. Mais les produits d'une fabrication aussi divisée et difficile à surveiller devaient forcément être inférieurs à ceux d'une fabrication régulière.

Un manuel des procédés de fabrication fut à cette époque publié par ordre du Comité de Salut Public à l'imprimerie Lagarre, rue de la Michodière, n° 3.

D'après le rapport au Directoire exécutif, dressé en floréal an V par le ministre de la guerre Petiet, dix manufactures étaient en activité à Saint-Étienne, Charleville, Maubeuge, Moulins, Clermont, Roanne, Bergerac, Chambord, Besançon, Orléans, sans compter quelques plus petits établissements et une multitude d'ateliers de réparation.

Saint-Étienne avait été conservée comme manufacture nationale; Maubeuge remise sur l'ancien pied militaire; Charleville était encore une entreprise dont les opérations étaient surveillées par un conseil d'administration; le marché de Moulins venait d'être résilié; Bergerac restait en compte sous la régie de la République; Cambrai était réduit à un atelier de réparations; Orléans restait à l'entreprise et l'énorme quantité de canons, platines et pièces en magasin était livrée à des armuriers de Paris pour les monter au juste prix.

Enfin, « au système de *régie* on substituait autant que possible celui des *entreprises* et des agents civils aux militaires. »

45 ateliers de réparation existaient en l'an V. 27 seulement furent conservés et l'approvisionnement des arsenaux comporta, toujours d'après ce rapport, 42,152 fusils de rempart, 250,115 fusils d'infanterie, 4,274 mousquetons, 1,755 carabines et 19,368 pistolets.

Le système employé par la Convention, sous la menace de l'ennemi, ne pouvait donner lieu qu'à une fabrication très inégale et à de nombreux abus; Gassendi ne manque point de le faire ressortir dans ses aide-mémoires.

Tous ces modèles se réduisent en réalité à deux, d'après l'aide-mémoire de 1809 et ceux qui l'ont suivi, le *modèle républicain*, dit n° 1, et le modèle *dépareillé*. Le plus grave reproche

1. Extrait du *Bulletin de la Convention*.

qu'on ait pu leur adresser fut d'être notablement inférieur, au point de vue balistique au modèle 1777, par suite de l'emploi de la balle de 20 à la livre en remplacement de celle de 18.

Dans le fusil lisse, il y a le plus grand intérêt à ce que le diamètre de la balle, en tenant compte de l'encrassement du canon, se rapproche le plus possible du calibre. Si un certain vent est nécessaire, un trop grand jeu crée des battements dans l'arme aux dépens de la portée et surtout de la justesse.

« Dès le commencement de la guerre de 1792, écrit à ce sujet, Gassendi dans l'aide-mémoire de 1806, la maladresse des faiseurs de cartouches, l'impéritie des surveillants, les dénonciations des *Canaillarques* voyant toujours un crime de haute trahison dans une cartouche mal faite, obligeait à n'employer que des balles de 20 à la livre. La *Canaillarchie*, qui à cette époque s'empara de tout, fit fabriquer des fusils sans justesse qui nécessitèrent l'emploi de cette balle. »

Dans la réfection de l'armement en l'an IX, l'œuvre de Gassendi fut considérable, mais s'il fut un parfait directeur de manufactures, il ne fut certainement pas un novateur. Le peu de cas qu'il fit des carabines fabriquées à la manufacture de Versailles, en vertu d'un décret du 1er vendémiaire an III, en est la preuve.

Il est vrai que cette arme, établie sous deux modèles, de cavalerie et d'infanterie, n'était pas étudiée et fort incommode à charger. Aucune étude ne fut entreprise en l'an IX à son endroit, et les quelques modifications qu'elle subit furent insignifiantes.

On sait que les premières carabines se chargeaient d'abord de poudre par dessus laquelle on devait placer un morceau d'étoffe ou de peau dit *calpin*. La balle était enfoncée à coups de maillet. Cette lenteur de chargement ne lui permit jamais d'être qu'une arme d'occasion, et les études sérieuses sur le forcement ne furent reprises qu'en 1835.

Gassendi ne se proposa en l'an IX que deux buts : donner à la fabrication du fusil modèle 1777 une administrative perfection par le régime de l'Entreprise substitué à celui de la Régie, et simplifier les approvisionnements par l'adoption d'un armement rationnel basé sur l'usage des armes à feu par les différentes troupes. De transformation, de perfectionnement de l'arme ou de la poudre, il ne fut jamais question.

Il donna cependant quelque attention au fusil *à dez* ou à

secret qui déjà, en simplifiant le bourrage, avait attiré celle du maréchal de Saxe.

« C'est un fusil, dit Cotty (*Mémoire sur la Fabrication des armes portatives*), au fond du canon duquel on adapte un cylindre creux de la forme d'un dez à coudre. Ce dez, qui est de fer très mince et qui est brasé sur le fond de la culasse, reçoit la charge qui, en tombant de la bouche au tonnerre, s'enchâsse par son propre poids à l'origine du dez. L'âme du canon est cylindrique comme aux autres, en sorte que le dez opère un rétrécissement. L'objet de ce fusil est de supprimer la baguette et de gagner le temps qu'on emploie à conduire la charge au fond du tonnerre. Le dez dont on vient de parler, offrant beaucoup d'inconvénients, on y substitua le rétrécissement au tonnerre, opéré par le forage ; mais, malgré cette rectification, le fusil *à dez* fut abandonné à cause de vices auxquels on ne pouvait remédier. »

Ainsi donc, tous les essais de chargement par la culasse, de forcement de mise de feu, de l'an IX à 1816, ne furent considérés que comme des curiosités. Cependant, combien était défectueux le fusil mod. 1777 corrigé en l'an IX.

D'après Cotty, sa portée, tiré horizontalement, était de 234 mètres (120 toises), et sous un angle de 43°,30, d'environ 974 mètres (500 toises), distance à laquelle la balle pouvait encore blesser, mais au delà de 234 mètres, tous les coups étaient très incertains et c'est à une portée bien moindre que le feu d'infanterie avait son plus grand effet.

Que dirai-je de la justesse, si la portée était suffisante au point de vue tactique ? A 234 mètres un écart de 25 mètres était chose normale ; des ratés : et les transformations de l'an IX furent insuffisantes à les réduire au-dessous de 15 %. Gassendi ne cessa de réclamer la réapparition de la balle de 18 à la livre, mais un certain jeu était nécessaire pour le fusil d'infanterie destiné à tirer beaucoup, tandis que le même mouvement n'existait pas pour le mousqueton et le pistolet, armes individuelles, pour lesquelles une légère réduction du calibre permettant, par un serrage relatif du projectile, de porter l'arme la bouche en bas, résolvait très imparfaitement le problème de la justesse.

Comment considérait-on l'arme à feu et le tir dans les régiments et quels soins donnait-on à une arme dont on eût pu, somme toute, tirer de meilleurs effets ? Cotty nous en donne une idée :

« Il est bien pénible pour les officiers d'artillerie, qui ont apporté à la fabrication tous les soins que son importance exige, qu'à peine délivrées aux soldats, on leur permette de diminuer le bois sous les garnitures, de façon à obtenir par leur ballottage une certaine résonance ou cliquetis. Ils font aussi rougir et, par conséquent, détremper la baguette pour élargir le canon et, par conséquent, obtenir le même effet. Enfin, il y en a qui ôtent le ressort de baguette en faisant sauter les goupilles. Pour empêcher ces dégradations, ne pourrait-on pas placer quelque chose dans la crosse du fusil qui marquerait le temps de l'exercice ? Mais, comme il est des circonstances à la guerre où il est important de ne pas être entendu de l'ennemi, il faudrait que cet objet fût adapté de façon qu'on pût l'ôter facilement pour en rendre l'effet nul. »

Cotty n'inventait rien ; la Catin des moutards, de temps immémorial, renferme dans ses flancs un haricot destiné à amuser les enfants ; mais ne rions pas, et rappelons comment, il y a vingt ans, nous reposions les armes à l'École spéciale militaire. C'était d'un merveilleux effet, mais nos fusils devaient s'en ressentir.

Il ne semble pas que jamais l'Empereur ait jamais songé à quelque perfectionnement d'une arme qu'il considérait comme la plus belle machine de guerre qui eût jamais existé, mais la fabrication en fut étendue et si jalousement surveillée que de Brack put dire avec raison, dans ses avant-postes de cavalerie légère, que les armes à feu françaises étaient les meilleures de l'Europe. De quatre, les vieilles manufactures royales furent portées à dix, soumises au régime de l'Entreprise : Charleville, Culembourg, Klingenthal (armes blanches), Liége, Maubeuge, Mutzig, Saint-Étienne, Tulle, Turin et Versailles. Cette dernière fabriquant les armes à feu et blanches de troupe et de luxe, ce que Klingenthal fit du reste aussi dans sa spécialité. En 1808 les manufactures impériales purent fabriquer de 220,000 à 230,000 fusils par an.

On trouvera, au *Recueil des lois*, au *Journal militaire*, dans les aide-mémoires de 1806, 1809 et 1817, tous les renseignements relatifs à l'établissement et aux réparations des modèles de l'an IX. Un des plus importants de ces documents est celui de ventôse an XIII relatif à l'entretien des armes portatives : on y verra des détails curieux, tel que l'emploi de la bayonnette mod. 1763 et du sabre de mineur, ignoré des aide-mémoires.

Plus originale fut, ou du moins a tenté de l'être, l'œuvre de Gassendi dans la simplification des approvisionnements. Il parvint non sans peine à réduire à trois les modèles de sabre en usage

dans les armées françaises à part les armes de la Garde et le
sabre du 2ᵉ chasseurs, et voulut en faire autant pour les armes
à feu.

L'artillerie, qui réclamait en vain son sabre-glaive (voir
Monographie de l'Arme blanche), s'obstinait à garder le fusil
d'artillerie mod. 1777, par raison... esthétique.

« Devait-on conserver ce modèle pesant, à quelques onces près,
autant que le fusil d'infanterie ? Non ; c'était de l'embarras pour les
approvisionnements, la fabrication, etc..... Il valait mieux, et on le
répète encore, donner au canonnier le mousqueton de cavalerie avec
la bayonnette de 16 pouces. Le mousqueton a 6 pouces de moins que
le fusil et ne pèse que 7 livres. C'était lui donner une arme moins
lourde, moins embarrassante, analogue à son service de voltigeur dans
les convois et à son courage qui lui a fait toujours aborder l'ennemi,
sans songer à la disproportion de ses armes ; mais de jeunes chefs
alléguèrent qu'un grand homme avec une arme courte n'avait pas de
grâce en faction. On ignore ce que les vrais juges des grâces en ont
pensé. Il y a apparence qu'ils ont été d'un autre avis, car on a rejeté
l'armement en mousqueton... L'armement de l'artillerie devrait être,
cette arme, avec la bayonnette allongée et une petite boîte de cuir
contenant quinze cartouches. L'artilleur ne doit jamais quitter son
arme, même en exécutant son canon ; il la porte en bandouillère. Il
met son sac autour du caisson ; il n'oubliera pas de le reprendre en
arrivant, et il oublierait son mousqueton s'il l'y mettait, comme on
l'avait proposé. Il ne doit pas avoir de sabre. A quoi lui servirait-il ?

« Un officier a proposé naguère d'armer les canonniers de *spingoles*
qu'ils porteraient pendues à une bandouillère et traînantes comme un
sabre. Cette innovation n'est ni neuve, ni heureuse. Outre l'embarras
de cette arme traînante, son poids, celui de ses approvisionnements,
le manque d'une bayonnette nécessaire, il faut considérer que, dans
l'attaque des convois, le canonnier n'est point attaqué en masse, mais
par des artilleurs ou des hussards en fourrageurs ; qu'il faut alors
viser juste et non tirer au hasard. Il lui faut donc un mousqueton et
non une spingole.

« Quant à l'artillerie à cheval, elle sera armée du sabre de hus-
sard ; mais il faut qu'il puisse pour sa commodité, en exécutant son
canon, le remonter vers l'épaule droite en position de carquois. L'uniforme des deux artilleries sera le même en bottines et pantalon, mais
en habit. »

Gassendi ne réussit qu'à moitié. Il ne fut pas créé de fusil
d'artillerie an IX mais on conserva le vieux modèle 1777. Le
système an IX fut assez simple néanmoins, mais plus tard,

pendant les longues années de paix de la Restauration, le nombre
des modèles devait se multiplier en dépit du principe si sage de
la simplification de l'armement.

FABRICATION RÉPUBLICAINE

FUSIL N° 1 (m. 470).

Dispositions du fusil mod. 1777.

Sur la queue de culasse, *modèle n° 1 République*.

Crochet d'embouchoir au lieu de vis ; pas de tenon au canon ;
joue à la crosse.

FUSIL DÉPAREILLÉ (m. 471).

On appelle modèle dépareillé un fusil qui ne se rapporte à
aucun modèle et qu'on a monté avec toutes espèces de pièces
d'armes pour le mettre en état.

Les fusils fabriqués pendant la Révolution dans ces conditions comprennent des pièces des modèles 1763, 1774 et 1777.

CARABINES MODÈLE 1793 ET 1793 CORRIGÉ
dites « de Versailles »

1° CARABINE D'INFANTERIE MOD. 1793 (m. 478).
    HT 1.025^{mm}.

Canon à six pans renforcé à la bouche et assujetti à la monture par trois tenons à goupilles ; calibre de 13^{mm}.5 ; sept rayures
à *tourelles* au pas de la longueur du canon ; la ligne de mire est
constituée par deux traits sur le pan supérieur du canon au tonnerre et à la bouche.

Monture : fût prolongé jusqu'à la bouche portant trois porte-
baguette en laiton assujettis chacun par deux goupilles ; guide-
joue sur la partie gauche de la crosse ; battant de crosse, pontet
et plaque de couche en laiton ; battant supérieur formé par une
pièce courbe en fer assujettie par une goupille traversant le
fût.

Platine : chien en col de cygne comme au mousqueton mod.
1777 ; pas de porte-vis, les vis de platine arrasant la monture et
soutenues par deux rosettes en laiton encastrées.

Inscription *Manufacture de Versailles* en italiques.

Baguette forme en tête de poire allongée.

2° Carabine de cavalerie mod. 1793 (m. 478).

  HT 0,786^{mm}.

Dispositions générales de la carabine d'infanterie ; deux tenons et deux porte-baguette seulement.

Quelques-unes de ces armes dont il ne fut plus fabriqué à partir de l'an VIII et munie antérieurement portent une tringle mais cela ne semble qu'une transformation individuelle.

3° Carabine d'infanterie corrigé mod. 1793-an XII (m. 478) (ensemble pl. II).

La carabine d'infanterie ayant été destinée en l'an XII à l'armement des officiers et sous-officiers de l'infanterie légère subit à cette époque quelques transformations.

Platine du modèle du mousqueton an IX avec chien à espalet, ligne de mire constituée par un guidon en fer vissé et une petite hausse fixe à cran.

Inscription de la platine en lettres capitales droites.

Système 1777 corrigé an IX

Fusil mod. 1777 corrigé en l'an IX (m. 481) (Platine envers pl. I. Ensemble pl. II).

  HT 1,529^{mm} ; poids 4 kil. 375 (9 liv. 8 onces).

La part que Gassendi prit à la réfection de l'armement mérite que la description qu'il donne de cette arme soit donnée in extenso.

« C'est le modèle de 1777 simplifié ou perfectionné. On a supprimé au canon le tenon pour l'embouchoir, la vis qui y assujettissait l'embouchoir, le ressort qui s'y trouvait pour contenir la baguette et la vis de grenadière parce qu'ils étaient fragiles, insuffisants, etc. On a rétabli la grenadière de 1763 comme plus solide, soudée en anse de panier. Les battants sont assujettis par un clou rivé traversant une double rosette. L'embouchoir, la grenadière, la capucine sont retenus chacun par un ressort fixé au bois. Un petit ressort en feuille de sauge, qu'on nomme aussi paillette à ressort, incrusté dans le bois, sous le tonnerre du canon, retient la baguette dans la partie inférieure de son canal.

« Ainsi le canon a 42 pouces de longueur, est à cinq pans très courts au tonnerre, dont l'un sert à l'ajustage de la platine. Le calibre est de 7 lignes 9 points. Bassinet en cuivre. Garnitures en fer, baguette d'acier à tête en poire, etc. Sert à toute l'infanterie, hors aux voltigeurs. »

Canon de 1,136ᵐᵐ (42 pouces) souvent plus court en raison de la tolérance ; tenon de bayonnette au-dessous du canon ; la monture légèrement en gigue ; deux ressorts sous la sougarde ; oue à la crosse.

Platine ayant le corps et le chien convexes à l'extérieur ; bassinet en laiton ; pas de garde ; feu au bassinet ; pas de retroussés à la batterie ; chien à espalet.

Baguette d'acier à tête de poire.

Bayonnette mod. an IX de 379ᵐᵐ. (*Voir article spécial.*)

Nota. — Le catalogue du Musée d'Artillerie désigne sous les numéros m. 482 et m. 483 deux fusils de 1,529ᵐᵐ et 1,421ᵐᵐ, dits « de deuxième fabrication » tous deux provenant de la *Manufacture royale* de Versailles, qui paraissent avoir été les premiers exemples de la distinction entre les modèles de grenadiers et de voltigeurs (jusqu'alors armés du fusil de dragon), antérieurement aux modèles 1876.

Fusil de dragon, mod. an IX (m. 484 et m. 485).
HT 1,415ᵐᵐ.

Canon de 1,029ᵐᵐ (38 pouces) de même forme et calibre.

Garnitures en laiton à l'exception des battants et de la grenadière en fer à deux bandes (disposition plus solide pour le port à la botte).

Gassendi, au sujet du fusil de dragon, dit : « Ce fusil sert à armer l'artillerie, les dragons et les voltigeurs dont les officiers et sous-officiers sont armés de carabines rayées. »

Fusil d'artillerie mod. 1777 non corrigé.

Le système an IX ne comporte pas de modèle spécial à l'artillerie et le modèle 1777 resta en service pendant tout l'Empire.

Fusil de marine mod. an IX (m. 486).
HT 1,415ᵐᵐ.

Ce fusil présente les dispositions générales du fusil de dragon. La grenadière est en laiton ainsi que les battants, ainsi qu'à tous les fusils de marine.

Mousqueton de cavalerie mod. an IX (m. 487). (Ensemble pl. II).

HT 1,114^{mm}5.

Canon de 758^{mm} (28 pouces) à cinq pans courts; dispositions de celui du fusil.

Monture en gigue sans joue; garnitures en laiton; écusson en fer; pontet à bascule réuni par une vis à l'écusson; tringle et grenadière en fer en forme de bracelet portant battant ainsi que la sougarde; pas de capucine.

Baguette en poire.

Bayonnette spéciale de 487^{mm}. (*Voir article spécial.*)

Nota. — Le mousqueton mod. an IX a été souvent et improprement dénommé carabine. En principe il dut constituer l'armement de toute la cavalerie; mais en réalité les mousquetons 1777 et 1786 restèrent en service pendant tout l'Empire et furent même à l'époque du Camp de Boulogne pourvus de bayonnettes.

Le mousqueton an IX fut d'abord usité dans la Garde... Il servit aussi à l'armement des sapeurs d'infanterie, des tambours, des musiciens en l'an XII et en l'an XIII, de la gendarmerie et des bataillons du train.

Par décret du 25 décembre 1811, 16,000 de ces armes furent attribuées aux carabiniers et aux cuirassiers qui en furent armés pendant la Campagne de Russie, d'après une décision prise par une commission composée des généraux Bourcier, Bellavenne, Walter, Préval et du major Dantancourt.

OBSERVATION GÉNÉRALE SUR LE SYSTÈME AN IX

On trouvera dans les aide-mémoires de l'an IX, 1809 et 1817, ainsi que dans le mémoire de Cotty (1806) tous les renseignements relatifs à la fabrication des armes mod. an IX.

Aide-mémoire de 1809 : page 553, la fabrication du fusil; page 565, les devis des prix de la manufacture de Charleville; page 579, les renseignements relatifs à l'examen des armes finies; page 602, les renseignements relatifs aux pierres à fusil; page 605, ceux relatifs aux balles.

Le prix du fusil était en 1808 à Charleville de 25 fr. 33 c., 26 francs pour le fusil de dragon, 24 francs pour le mousqueton.

Légèrement supérieur à Liège et à Mutzig, il montait à
34 fr. 38 c., 37 fr. 05 c., 34 fr. 03 c., pour Saint-Étienne, Tulle
et Versailles.

ARMES A FEU DES GARDES CONSULAIRE ET IMPÉRIALE

L'aide-mémoire de 1809 ne contient guère de renseignement
sur les armes à feu de la Garde, dans la rubrique *Distinction des
fusils depuis 1746 jusqu'en 1800*, et ne les mentionne qu'ainsi :
« On ne parlera pas des armes de la Garde. Elles sont les mêmes
que celles des autres troupes. On les polit seulement avec plus
de soin, ce qui coûte dix francs de plus. »

L'*Annuaire* des travaux de la manufacture de Versailles, de
1800 à 1818 (Musée d'Artillerie), ne mentionne que la fabrication
de fusils d'infanterie et de vélites de la Garde, au nombre de
10.076 de 1800 à 1812, et de tromblons de mameluks, au
nombre de 73.

D'autre part, il existe dans la collection du Musée d'Artillerie,
catalogués par erreur sous le numéro matricule 490 et sous la
dénomination *Fusils de dragons*, deux fusils qui sont ceux
désignés par l'*Annuaire* de Versailles. Sous le n° 743 on rencontre le mousqueton de mameluk, et sous les n°° 479 et 480,
deux variantes d'une arme citée dans les aide-mémoires sous le
nom de *mousqueton rayé des dragons de la Garde impériale*.

Ce mousqueton, qui offre les caractères généraux ci-dessus
décrits des armes de la Garde, n'est pas mentionné dans le détail
de la fabrication de la manufacture de Versailles, qui, seule,
fabriquait les armes de la Garde. Il ne semble n'avoir jamais été
qu'une arme d'*essai*.

L'*Annuaire* ne mentionne pas davantage de mousqueton ou de
pistolet spécial à la Garde, qui se servit des modèles de
l'an IX.

C'est d'après ces documents que j'établis les modèles de la
Garde, qui comportent : 1° un fusil d'infanterie; 2° un fusil
d'infanterie court à attribuer aux chasseurs, aux vélites, peut-
être même à l'artillerie à pied et aux dragons; 3° un tromblon
de mameluk, arme d'inspiration orientale ; 4° un mousqueton
rayé (carabine) de dragons, que je considère comme une arme
d'essai à laquelle les aide-mémoires ont donné trop d'importance;
5° un pistolet de mameluk. (*Voir* Art. VIII.)

Système de la Garde

Fusil d'infanterie (*Grenadiers*) (m. 490). (Garnitures pl. II).
HT 1,520ᵐᵐ.

Dispositions générales du modèle 1777 corrigé au IX, dont il diffère seulement par les garnitures en laiton et les anneaux des battants de forme rectangulaire aux coins abattus de même métal, à section carrée, semblables au battant inférieur de la carabine mod. 1793.

Sur la platine, indication de la manufacture de Versailles, en capitales droites.

Fusil d'infanterie modèle court (m. 490).
HT 1,380ᵐᵐ.

Ne diffère du précédent que par la longueur du canon.

Nota. — Le fusil catalogué m. 489 : fusil de la Garde consulaire, l'a été par erreur. C'est, dans ses dispositions générales, et notamment par le tambour à *recouvrement* du bassinet, un fusil de garde du corps mod. 1816. La platine porte, d'ailleurs : manufacture royale de Charleville.

Tromblon de mameluk (m. 743). (Ensemble pl. II).
HT 0,790ᵐᵐ.

Canon à cinq pans de 0ᵐ,040 à la bouche, la partie inférieure bronzée. — Porte-baguette de la carabine 1793 ; fût court sans boucle ajusté à goupille au tenon du canon ; sousgarde et pontet en laiton ; chien en col de cygne ; platine de la carabine 1793 ; pas de battant.

Nota. — Pour le pistolet de mameluk, *voir* Art. VIII.

Mousqueton rayé (Carabine) de dragon de la garde (m. 479 et 480).
HT 1,100ᵐᵐ.

Canon de 0,750ᵐᵐ, calibre du fusil an IX ; treize rayures à *tourelles*, peu profondes.

Monture et garniture de la Garde ; embouchoir à deux boucles et à cuvette, jone surhaussée comme à la carabine 1793 ; fût s'arrêtant à 0ᵐ,30 du canon ; pas de pièce de vis, celle-ci se vissant sur des rosettes en laiton ; la postérieure portant un anneau de bandouillère en fer. Baguette en tête de poire.

Bayonnette mod. mousqueton an IX.

Nota. — Cette arme dérivée directement de la carabine mod. 1793, ne pouvait donner, à défaut de forcement, que les plus mauvais résultats. Elle n'est citée nulle part comme réglementaire, et on n'en retrouve aucune trace dans les estampes du temps.

ARMES A FEU D'HONNEUR D'APRÈS L'ARRÊTÉ DU 4 NIVÔSE AN VIII

D'après l'aide-mémoire de 1809, les armes à feu d'honneur comprenaient :

1° Un fusil d'infanterie
ayant 15 onces d'argent, valant 100ᶠ » et l'arme totale 160ᶠ »
    2° Un fusil de dragon —   113 50   —   173 50
    3° Mousqueton (1) . . —   80 »   —   136 60
    4° Paire de pistolets —   80 »   —   196 20

Ces armes ne diffèrent de celles du modèle an IX que par les garnitures qui sont en argent, l'écusson attributif placé sur la joue droite de la crosse, plus de fini dans le polissage, le bronzage du canon et le bassinet en forme de tambour à recouvrement. Il est à remarquer que cette disposition allongeant la charge d'un temps ne se rencontre pas toujours, particulièrement dans les mousquetons. D'après l'*Annuaire* de la manufacture de Versailles, il fut fabriqué 747 fusils d'infanterie, 62 de dragons, 209 mousquetons et 4 paires de pistolets de l'attribution desquels on ne trouve aucune trace.

On ne doit pas confondre ces armes avec celles de *récompense nationale*. Du reste, il n'existe d'arme à feu de troupe décernée à ce titre que les fusils de *vainqueurs de la Bastille* avec inscription attributive sur le canon. (*Voir* Musée Carnavalet.)

Les armes de *récompense nationale*, dans la description desquelles la monographie ne saurait entrer, sont des pièces généralement de très grand luxe et pour la plupart fabriquées à Versailles, réunies quelquefois dans un même nécessaire dénommé *Armure*. (Voir de l'auteur : *Histoire de la manufacture de Versailles*, et *Autour de la Légion d'honneur*; précis des récompenses militaires en France.)

1. Cette arme est quelquefois, ainsi que le mousqueton modèle an IV, dénommée improprement dans des documents officiels carabine. Il n'y eut point de *carabine* d'honneur dans le sens propre du mot.

ARTICLE III

De 1816 à 1840

J'en arrive à la période la moins intéressante de notre histoire militaire, la moins glorieuse, je veux dire, quoique frémissante encore des chocs de la Grande Guerre. Les hommes qui revisèrent l'armement en 1816 furent les mêmes que ceux qui l'avaient corrigé en l'an IX, le général Gassendi et ses collaborateurs.

Les dernières campagnes avaient à ce point épuisé les arsenaux que Napoléon, en 1814, avait dû, comme la Convention, faire appel à un armement d'occasion, fusils pris à l'ennemi ou de réquisition. L'armement en service était en fort mauvais état et l'expérience de la guerre avait donné lieu à de nombreuses critiques relatives surtout à la proportion exagérée des ratés. Les systèmes 1816 et 1822 ne se distinguèrent des systèmes 1777 et an IX que par des modifications de détail de la mise de feu destinées à diminuer cette proportion des ratés.

Cependant une modification importante, dont peut-être même à l'époque où elle se produisit on ne soupçonna point l'intérêt, résulta en 1818 d'une poudre nouvelle dite *à mousquet*, destinée spécialement aux armes portatives, plus fine, plus vive que la poudre à canon, et aussi mieux fabriquée, partant moins encrassante.

Dès 1806, Cotty recherchait les causes des ratés. Tout en constatant que le tracé géométrique de la platine était la cause de ses défectuosités, il relevait les défauts qui résultaient du mauvais ajustage entre la platine, le bois et le canon. D'après lui, il était désirable que la platine fût placée plus bas ; qu'en raison de l'engorgement causé par la crasse obstruant la lumière après un certain nombre de coups, celle-ci fût placée plus haut, par la suppression d'un filet du bouton de culasse, jusqu'alors à encoche.

La transformation de 1816 répondait à ces desiderata. La lumière désormais tronconique fut un peu inclinée pour plonger dans le bassinet; l'encoche fut supprimée au bouton de culasse; la batterie sans retroussis fut disposée de manière à ce que la pierre frappât sous un angle moins aigu, et l'on donna par l'élargissement du canal de baguette une satisfaction aux admirateurs de la résonnance d'un beau maniement d'armes. Le système 1821 ne diffère du précédent que par des modifications de peu d'importance mais qui, en 1816 déjà, réduisaient les ratés de moitié (plus profonde fraisure du bassinet, diminution de l'entrée de la lumière).

Au point de vue fabrication, les procédés ne changèrent pas, à part l'emploi dans le système 1822 de l'acier pour la vis de chien, la noix et la gâchette, et plus tard dans les autres organes de la platine.

L'essai de platines identiques par étampage qu'avaient fait dès 1800 la manufacture de Roanne, et plus timidement celle de Versailles, n'avait pas été considéré d'une façon sérieuse par Cotty lui-même. Cependant la question s'était posée déjà du temps de Gribeauval. L'imperfection de la machine-outil avait nui au développement pratique d'une idée qui depuis lors a fait son chemin.

Par sa composition en modèles, le système de 1816 ne diffère pas du système de l'an IX, sinon par l'adoption parfaitement rationnelle, déjà appliquée pour les fusils mod. an IX de deuxième fabrication, de deux tailles pour le fusil d'infanterie, par celle d'un modèle unique pour l'artillerie et les dragons. Le système 1822 fut au contraire inutilement compliqué par le nombre des modèles qu'il comporta : fusil d'infanterie, fusil d'artillerie, et surtout par quatre modèles de mousqueton : artillerie, gendarmerie, cavalerie et dragons, armes, il est vrai, tirant toutes la même cartouche, mais compliquant les approvisionnements d'une manière que dut réprouver Gassendi, qui ne mourut qu'en 1828.

Aux armes de ces deux systèmes la monographie rattachera les armes de la maison du roi, celles de la seconde Restauration et aussi celles de la première qui, quoiqu'antérieures à 1816, ressortent plus directement de cet article, ainsi que les armes de *récompense* de la Restauration.

Armes a feu réglementaires de 1816 a 1840.

Système 1816.

Fusil mod. 1816 (m. 508 et 509).

L'apparence du fusil mod. 1816 est celle du fusil mod. 1777 corrigé en l'an IX, dont il ne diffère que par les dispositions de la platine et du canon destinées à éviter les ratés. Bouton de culasse sans encoche, lumière tronconique un peu inclinée, bassinet avec garde-feu, batterie sans retroussis, joue à la crosse.

Le canal de baguette élargi pour donner de la résonnance.

Le fusil mod. 1816 est établi sur deux tailles :

Grenadiers et centre, HT 1,529^{mm}.

Voltigeurs, HT 1,421^{mm}.

Fusil de marine mod. 1816 (m. 510).

Ne diffère du précédent *voltigeur* que par les garnitures et les boucles en laiton, à l'exception du porte-vis.

Fusil d'artillerie mod. 1816 (m. 511).

HT 1^{m}3051.

Dispositions générales du précédent, garnitures en laiton, sauf les anneaux de battant.

Mousqueton de cavalerie mod. 1816 (m. 513).

HT 0,875^{mm}, poids 2^{k}427, calibre de 17^{mm}1.

Canon de 500^{mm}, guidon en laiton en forme de grain d'orge, monture à garnitures de laiton, embouchoir capuche portant une vis de tringle, pas de grenadière, tringle en fer, pas de battants, sougarde en fer, pontet à bascule en laiton, joue à la crosse.

Platine mod. 1816.

Baguette indépendante à tête de clou et à anneau. (Cette baguette se portait au crochet du sabre et attachée par une lanière en buffle.)

Nota. — Le modèle 1816 donna lieu à des corrections du système 1822 devenu mod. 1816 corrigé.

Système 1822.

Le système 1822 n'est, comme le système 1816, qu'une correction des modèles antérieurs. Sa disposition tactique la plus intéressante est le raccourcissement du fusil d'infanterie qui a amené l'adoption d'une bayonnette plus longue de 0ᵐ087 (*Voir article spécial*). A cette époque la formation sur trois rangs était définitivement abandonnée.

FUSIL D'INFANTERIE MOD. 1822 (m. 515 et 518) (Ensemble pl. III).
HT d'infanterie 1,471ᵐᵐ, de voltigeur 1,417ᵐᵐ.

Ce fusil ne diffère du modèle 1816, en dehors du raccourcissement du canon, que par la diminution de l'entrée de la lumière, la profondeur du bassinet et le retroussis de la batterie. Les garnitures sont allégées. Guidon sur l'embouchoir.

Longueur du canon 1ᵐ083 et 1ᵐ029, poids 4ᵏ355 et 4ᵏ245. Bayonnette mod. 1822 (*Voir article spécial*).

FUSIL DE DRAGON MOD. 1822 *dénommé primitivement* D'ARTILLERIE *jusqu'en 1832* (m. 519) (Ensemble pl. III).
HT 1,308ᵐᵐ.

Dispositions générales des fusils d'artillerie à garnitures et boucles de laiton, par conséquent sans grenadière à deux bandes et en fer. La bayonnette est supprimée à partir de 1832, et par conséquent son tenon.

FUSIL DE MARINE MOD. 1822.

Semblable au fusil de voltigeur. Garnitures et boucles en laiton.

MOUSQUETON DE GENDARMERIE MOD. 1825 (m. 525) (Ensemble pl. III).
HT 1,114ᵐᵐ.

Canon de 758ᵐᵐ, calibre 17ᵐᵐ1, poids 3ᵏ353.

Garnitures et boucles en laiton ; pas de capucine ; pas de joue à la crosse ; battant de crosse ; baguette à tête tronconique. Bayonnette mod. 1822.

MOUSQUETON D'ARTILLERIE MOD. 1829 (m. 527) (Ensemble pl. III).
HT 0,958ᵐᵐ.

Canon de 600ᵐᵐ, poids 2ᵏ600.
Dispositions générales du système 1822; embouchoir-capuche

à battant; battant de crosse; pas de joue à la crosse; baguette à tête tronconique; pas de bayonnette.

Nota. — Un essai catalogué (m. 658) adapte à ce mousqueton le sabre d'artillerie à pied, mod. 1816, ajusté à l'aide d'un support brasé, sur lequel repose le pommeau, et d'un tenon brasé en haut du canon; le sabre transformé, comportant un ressort long et un poussoir. Les deux tenons sont placés à droite. C'est un exemple d'une transformation fréquemment essayée à l'étranger. (Voir, à Bruxelles, Musée de la porte de Hall.)

Mousqueton de cavalerie mod. 1822 (m. 523 et 524.) (Ensemble pl. III).

HT 0,875ᵐᵐ.

Dispositions générales du système 1816 et particulières du système 1822. Joue à la crosse.

Mousqueton de lancier mod. 1836 (m. 528).

HT 0,875ᵐᵐ.

Dispositions générales du précédent, *mais sans tringle*; guidon avec embase et mire brasée. Joue à la crosse. Le fût, un peu plus court que celui du mousqueton de cavalerie, s'arrête à 0ᵐ,355 de la bouche; embouchoir-capuche à battant; battant de crosse.

Nota. — A ces armes, il faut joindre celles du système mod. 1816 corrigé 1822.

ARMES DE LA MAISON DU ROI

Ces armes appartiennent, pour la plupart, plutôt au *modèle 1777 corrigé an IX* et ne sont placés ici qu'en raison de l'époque historique de leur apparition.

Fusil des cent-suisses (m. 492). (Talon de crosse et porte-vis, pl. II.)

HT 1,529ᵐᵐ.

Dispositions générales du mod. an IX; pas de joue à la crosse; garnitures en laiton, la sougarde se terminant par une fleur de lys, ainsi qu'au talon de la plaque de couche et la partie supérieure du porte-vis. Canon poli avec inscription en lettres d'or cursives : *Compagnie des Cent-Suisses du Roi* (le canon à pans très courts et à facettes arrondies).

Marqué : *Manufacture de Versailles.*

Bayonnette du mod. an IX.

FUSIL DE MOUSQUETAIRE (m. 494).

HT 1,316^{mm}.

Dispositions générales des fusils d'honneur avec bassinet-tambour à recouvrement. Garnitures en laiton ; sougarde et plaque de couche terminées par une fleur de lys. Porte-vis ordinaire ; bride entre les vis de batterie et de ressort de batterie ; vis guillochées ; pas de joue à la crosse. Canon bronzé portant en lettres d'or la croix des mousquetaires et l'inscription : *Mousquetaires du Roi.*

Bayonnette du mousqueton mod. an IX.

Ces fusils sont marqués sur la platine : *Bouny, premier contrôleur.* Bien que Bouny appartînt à la manufacture de Versailles, ils ne sont pas mentionnés dans l'*Annuaire.*

FUSIL DES GARDES DU CORPS, MOD. 1814 (m. 496). (Talon de la crosse, pl. II.)

HT 1,430^{mm}.

Dispositions générales du fusil d'honneur de l'an VIII ; mêmes dispositions. Canon bronzé avec inscription en or : *Gardes du corps du Roi* ; le pan supérieur très court et arrondi ; pas de joue à la crosse. Le talon de la plaque de couche terminé par une fleur de lys, ainsi que la sougarde ; vis guillochées.

NOTA. — La manufacture de Versailles fabriqua 347 de ces armes. Le Musée d'Artillerie présente, sous le numéro m. 495, un modèle d'essai marqué modèle de *Régnier* (1) dont le fût est ajusté à goupille.

Les fusils du Musée d'Artillerie proviennent de Charleville.

FUSIL DES GARDES DU CORPS, MOD. 1816 (m. 504).

Ce modèle présente les dispositions générales du précédent avec le même bassinet et les boucles en laiton sans inscription sur le canon et sans fleur de lys au talon de la crosse et de la sougarde ; vis non guillochées.

Sur la poignée, à 0,^{m}03 environ de la queue de culasse, pièce de pouce dorée et encastrée aux armes royales ou aux armes de

---

1. Le sieur Régnier était contrôleur d'armes.

Monsieur avec légende : *Gardes du corps du Roi* ou *Gardes du corps de Monsieur*.

Sous le numéro m. 505 est catalogué un fusil de modèle analogue, de gendarme de la maison du Roi ou plutôt de gendarme des chasses, dont la plaque est ornée de trois fleurs de lys.

NOTA. — D'après les Archives de l'Artillerie, en 1816, 1,000 fusils des gardes du corps furent commandés à Saint-Étienne.

FUSIL DES ÉLÈVES DES ÉCOLES MILITAIRES (m. 503).

HT 1,360^{mm}.

Modèle de l'an IX allégé avec garniture en laiton ; bassinet ordinaire et baguette en tête de clou.

FUSIL DE RÉCOMPENSE DE LA RESTAURATION (m. 842).

Disposition générale des *fusils d'honneur en vertu de l'arrêté du 4 nivôse an VIII* ; écusson attributif sur la joue droite ; garnitures argentés, sauf l'écusson qui est en argent et porte : DONNÉ PAR LE ROI A MONSIEUR,.....: bassinet à recouvrement.

Ces fusils furent donnés en 1816, accompagnés d'un brevet, par la *Commission des Indemnités à distribuer aux Émigrés*, ainsi qu'une épée et un sabre, et font partie d'un système de récompenses royales. Il en fut fabriqué, en 1817, 501 à Versailles (*Annuaire* de Versailles et Archives de l'Artillerie).

Bayonnette mod. an IX.

NOTA. — Il existe des fusils offrant les formes du fusil de récompense ou du fusil de garde du corps, mod. 1816, provenant de différentes manufactures et portant comme eux, au bassinet, le tambour à recouvrement. Ce ne sont que des fusils de luxe de garde national, très faciles à transformer en ces deux modèles.

NOTA. — L'*Annuaire* de la Manufacture de Versailles indique comme ayant été fabriqués en 1817, 55 fusils de la Garde royale. Ce petit nombre et l'absence d'un modèle spécial à la Garde indiquent que ce sont là les fusils des Cent-Suisses. Il n'y a pas lieu d'attacher d'ailleurs à cet *Annuaire* une importance absolue, car il n'a été fait qu'après 1830, avec les débris de comptabilité, en vue d'une reconstitution de la Manufacture (Musée d'Artillerie), sous le patronage du duc d'Orléans.

ARTICLE IV

De 1840 à 1854

Ce fut à une question très mûre, résolue même déjà dans plusieurs armées étrangères, que l'adoption du système 1840 à percussion apporta une solution. Cette fois, encore, il ne s'agissait que d'un perfectionnement de la mise de feu et aucunement d'une amélioration des propriétés balistiques de l'arme, à laquelle eût correspondu un changement dans la tactique.

Dès les premières années du XIX° siècle, la substitution au *fusil* de silex d'amorces fulminantes avait été étudiée, et le premier brevet relatif à cette invention fut pris par un armurier du nom de Pauli, en 1808. Dès lors, la voie était ouverte à de nombreux essais et les brevets se succédèrent nombreux. Nos lecteurs verront avec intérêt les différents types que contient la collection du musée parmi lesquels se distinguent les numéros *m. 751, m. 752, m. 753*, antérieurs à 1815; *m. 754*, de M. Lepage, *m. 755*, du capitaine Vergniaud, *m. 757*, du contrôleur d'armes Réneuf; toutes ces armes ingénieuses reposent sur le principe du pois fulminant, incapable de fournir un bon service de guerre, en raison des dangers que son usage présente : tout le monde se rappelle la terrible explosion de la rue Béranger. Le système à percussion n'entra vraiment dans le domaine pratique que par l'adoption de la capsule, bien que quelques puissances étrangères aient fait longtemps encore usage d'armes à boulettes fulminantes, et ce n'est que grâce à cette disposition que, dès le milieu de la Restauration, on ne fabriqua plus que des armes de chasse à percussion.

Néanmoins, l'Artillerie avait examiné des armes à lentilles

fulminantes, et c'est en 1821, au sujet de l'examen du fusil *Leroy*, qui malheureusement n'existe pas au Musée d'Artillerie, que nous trouvons le premier acte des commissions d'expériences instituées à Vincennes et à Douai. Mais dès 1820 des capsules inventées en Angleterre avaient été introduites en France, et leur emploi si simple devait faire rejeter tout autre mode d'amorce fulminante; la question de la transformation des armes de guerre s'imposa dès lors. En 1823, une invention due au sieur Francion, maître armurier du régiment d'artillerie de la Garde royale, fut présentée, mais rejetée. En 1826, une commission dans laquelle entrèrent pour la première fois des officiers d'infanterie conclut, au bout de trois ans, à l'adoption en principe du mode à percussion et à capsule à l'exclusion de tout autre. Douze commissions furent instituées dans les douze écoles d'artillerie pour examiner la question de détail, au point de vue du système et des transformations qu'elle devait amener dans les approvisionnements. Deux fusils retinrent particulièrement l'attention de ces commissions, le fusil Charroy à magasin d'amorces et le fusil Bruneel.

L'invention Bruneel donna, d'après le catalogue du Musée, lieu à des études prolongées. La cartouche avait un sabot en bois au centre duquel était placée l'amorce. Pour amorcer, le soldat tenant la cartouche du côté de la poudre, coiffait la cheminée de la capsule et en séparait d'un coup sec la charge, qu'il introduisait ensuite dans le canon comme autrefois.

A une époque où, encore plus que les modifications dans l'armement, on craignait celles dans l'instruction de la troupe, l'invention Bruneel parut bien compliquée et, du reste, l'adoption d'une capsule indépendante, facile à manier en raison de son volume et de sa forme, ainsi qu'à transporter, était la solution la plus heureuse du problème, et ce fut celle qu'adoptèrent toutes les nations européennes, chez qui l'usage de boulettes fulminantes ne fut qu'une exception.

Les modèles 1840, 1841 et 1842, que la crainte d'une guerre européenne fit adopter en même temps que l'on construisait les fortifications de Paris, ne diffèrent des modèles antérieurs transformés que par la disposition de la platine nouvelle, dite *en arrière*, inspirée de celle que le colonel Pontcharra, dont le nom est lié à toutes les questions d'armement à cette époque, avait établi pour la carabine mod. 1837. Les modèles 1816 et 1822 conservèrent l'ancienne platine, convenablement modifiée par la suppression du bassinet, de la batterie et de son ressort, et les transformations 1840, 1841 et 1842 ne différèrent que par le mode de transformation du canon. En 1840, celui-ci, coupé au tonnerre, recevait une culasse trempée servant d'écrou à la cheminée. En 1841, pour éviter d'affaiblir l'arme ce fut au contraire par la bouche que le le canon fut raccourci. La transformation définitive 1822-1842, conserva l'ancienne culasse et différa des précédents par une masselotte vissée et servant de support à la cheminée. Ces transformations furent imaginées par le colonel Arcelin.

Le système 1842, ainsi constitué d'armes neuves et d'armes transformées, ne reçut, en 1847, que de légères modifications relatives à la platine et à la bayonnette. Il devait fournir une glorieuse carrière en Afrique et en Crimée, jusqu'au jour où, par une nouvelle transformation, il devait acquérir des qualités balistiques nouvelles. Les études de cette transformation durèrent longtemps, elles se firent sous le feu avec les différents modèles des carabines des chasseurs à pied.

Trois ans avant l'adoption de la percussion, la première carabine, le modèle 1837 dû aux études du colonel Pontcharra, était entrée dans l'armement d'une troupe française, les tirailleurs, ancêtres des chasseurs d'Orléans. Je dis la première, car la carabine de Versailles n'avait jamais constitué qu'un hors-d'œuvre dans l'armement.

Dès 1826, le capitaine d'infanterie Delvigne avait proposé un nouveau mode de forcement qui supprimait l'attirail encombrant que Gassendi reprochait, avec raison, aux carabines d'antan. Un rétrécissement du tonnerre, inspiré de l'ancien mode à secret, recevait la charge et donnait un point d'appui à la balle que quelques bons coups de baguette suffisaient dès lors à forcer. L'arme était assez imparfaite et supérieure seulement par sa justesse aux petites distances au fusil d'infanterie. Le sabot en bois qu'imagina le colonel Pontcharra la perfectionna assez pour qu'en 1836 on adoptât la carabine connue sous le nom de mod. 1837.

L'adoption d'une arme rayée répondait à une nécessité des guerres d'Afrique. A peine le fusil mod. 1822 était-il égal aux fusils des Arabes auxquels leur longueur donnait même une justesse supérieure. Assurer la sécurité des colonnes par l'emploi de troupes spéciales, légères, munies d'une arme portant loin et juste, permettant de répondre à un ennemi pratiquant la tactique éparpillée, ce fut une des raisons de l'institution des bataillons de chasseurs à pied, dans lesquels l'instruction du tir reçut un développement jusqu'alors ignoré en France, et de l'adoption des armes rayées.

Mais ce ne fut pas la seule et les chasseurs à pied devaient aux yeux des tacticiens jouer un rôle dans la grande guerre, celui de tirailleurs munis d'une *artillerie de main*. Nous verrons dans l'article suivant, dans l'examen du rapport du colonel Boucheron, ce que les esprits éclairés crurent pouvoir faire de la carabine, quand l'emploi de la tige lui eut donné une plus longue portée.

Dans la conception du général Gouvion-Saint-Cyr, chaque légion départementale devait comprendre un bataillon de chasseurs qui n'était autre que le groupement des voltigeurs. Ces derniers venus dans nos régiments d'infanterie, et dont la création avait répondu à l'emploi tactique nouveau, dès 1808 environ, de rideaux denses de tirailleurs. Cette organisation ne fut jamais complète, mais ce fut elle que le maréchal Soult reprenait, en rendant, en 1833, une ordonnance sur la formation de compagnies de francs-tireurs armés de carabine et revêtus d'un uniforme approprié à leur destination. L'invention Delvigne-Pontcharra donna la solution à cette ordonnance.

« Ce résultat atteint (1), le duc d'Orléans fit décider la formation d'une compagnie de tirailleurs qui reçut un équipement particulier, une instruction spéciale, et fut pourvue de la carabine Delvigne-Pontcharra. Cette compagnie tenant garnison à Vincennes, commandée par un officier énergique et intelligent, le capitaine Delamarre... Une décision royale du 14 novembre 1838 créa *à titre d'essai* un bataillon de *tirailleurs*.

« L'armement se composait d'une carabine et d'une bayonnette longue, solide, tranchante, appelée bayonnette sabre ; garnie d'une poignée, cette dernière arme pouvait tailler avec une certaine efficacité, mais, *comme la carabine Delvigne-Pontcharra n'avait pas atteint la portée du fusil d'infanterie*, on munit les hommes les plus adroits et les plus robustes d'une arme plus lourde (fusil de rempart allégé mod. 1840) ; celles-ci figurent pour 1/8 dans l'armement. Réunis par groupes les carabiniers pouvaient produire de puissants effets et constituaient, suivant une expression souvent employée, une véritable artillerie de main. »

Le bataillon de tirailleurs se formait sur deux rangs. A l'instruction habituelle du fantassin, on ajouta une instruction spé-

---

1. Extrait de *Zouaves et Chasseurs à pied*, par le duc d'Aumale.

ciale de tir et une nouvelle école de tirailleurs. Cette instruction donna lieu à un règlement.

Les tirailleurs firent bientôt leurs premières armes en Afrique en mai 1840.

« Tandis que les tirailleurs faisaient noblement leurs premières armes en Afrique, un terrible orage semblait près d'éclater en Europe... Des milliers d'ouvriers élevèrent les fortifications de Paris... Les hommes, les chevaux affluèrent dans tous les corps ; notre matériel fut complété, remis en état ; nos cadres furent augmentés de douze régiments d'infanterie et de quatre de cavalerie légère. Enfin le duc d'Orléans fut chargé d'organiser dix bataillons de chasseurs à pied...

« Le bataillon formé deux ans plus tôt à Vincennes, devint premier bataillon de chasseurs. Il fut rappelé d'Afrique et dirigé sur Saint-Omer.

« L'armement se composa de carabines de munition assez semblables à la carabine de tirailleurs, améliorées cependant, surtout quant à la portée, et de fusils de rempart allégés toujours dans la proportion de 1/8.

« Les carabiniers munis de cette arme formèrent la compagnie d'élite du bataillon...

« Par une belle matinée de printemps (mai 1841) une colonne profonde entrait dans Paris avec une célérité inconnue. Les bataillons de chasseurs traversaient les rues au pas gymnastique et venaient recevoir un drapeau du roi. Le lendemain quatre de ces bataillons partaient pour l'Afrique.

« La fabrication des carabines de munition avait été un véritable tour de force pour nos manufactures. Aussi, malgré les perfectionnements introduits par le capitaine Thierry, ces armes ne présentèrent par toutes les qualités désirables. On se remit à l'étude et on établit un modèle de carabine plus satisfaisant 1842 qui pourtant n'a jamais été mis en service, de nouvelles découvertes ayant permis de donner à l'armement du bataillon l'unité et la puissance qu'on ne cessait de réclamer.

« Nous avons dit qu'avant l'organisation des chasseurs, l'instruction du tir était complètement négligée dans l'infanterie. En armant les chasseurs de carabines de précision, on avait compris que les leur confier sans leur apprendre à s'en servir, ce serait mettre un violon dans les mains d'un homme qui ne saurait pas la gamme. On créa donc une instruction de tir mais on n'avait pu la déterminer que par un manuel provisoire, il importait de l'améliorer, de veiller à ce qu'elle fût uniforme. A cet effet, on institua à Vincennes une école normale de tir. Les résultats ayant été très favorables, on étendit cette instruction à toute l'infanterie, et afin d'accélérer l'exécution de cette mesure, des écoles secondaires furent établies à Grenoble et à Saint-Omer.

« Mais revenons à l'école normale de tir : elle devait fournir un champ d'expériences où tous les perfectionnements que peuvent recevoir les petites armes seraient soigneusement examinées, où l'artillerie qui les fabrique et l'infanterie qui s'en sert seraient en contact permanent. Le succès à ce point de vue ne fut pas moins complet, et l'honneur en revient surtout à deux officiers attachés à cette école, l'un plus savant, l'autre plus pratique, mais tous deux doués de remarquables facultés : MM. Tamisier, capitaine d'artillerie, et Minié, capitaine d'infanterie ».

Parcourons les étapes du récit vécu du duc d'Aumale. La carabine 1837 et le fusil de rempart modèle allégé constituèrent le premier armement du bataillon de tirailleurs. Cette complication dans l'armement est une grave dérogation aux règles fondamentales de l'armement et ne peut constituer qu'une solution temporaire (1). Peu grave dans les conséquences qu'elle peut avoir au feu, quand les hommes pourvus de l'armement supérieur sont dans la proportion peu forte de 1/8e et peuvent prendre les fusils des blessés et des morts, il semble que la réunion des grosses carabines en une compagnie d'élite en ait, au contraire, accentué les inconvénients.

Il faut que les idées sur la réduction du calibre préconisées dès cette époque par quelques esprits novateurs aient eu bien peu d'écho pour que l'on eût songé à donner une plus grande portée par l'augmentation du calibre au dépens d'un élément aussi important que la tension de la trajectoire presqu'insoupçonné alors.

On ne songeait guère même à allonger la portée. La hausse de la carabine 1837 ne portait que deux crans 200 et 250. La carabine 1840 et 1842 ne furent que des transformations, le calibre de 17^{mm} fut porté à 17^{mm},5 pour permettre d'user de la balle d'infanterie. La hausse fut perfectionnée, composée d'une partie fixe et d'une mobile correspondant aux distances de 300, 400, 500 et 550 mètres.

Ce qu'il faut surtout retenir c'est l'établissement d'une commission permanente, souvent décriée et presque toujours à tort, d'hommes versés non seulement dans les questions de fabrication comme auraient pu l'être Gassendi et Cotty, mais aussi de ceux qui ont à faire parler la poudre. Les noms des capitaines Delvigne, Minié, Tamisier, des colonels Thouvenin et Pontcharra, des

1. C'est ainsi qu'en 1887, l'armée française eut des francs-tireurs de compagnie armés des 120 premiers fusils mod. 1886 mis en essai dans les corps.

généraux Treuille de Beaulieu et Favé sont de ceux dont l'armée française peut s'enorgueillir. Il serait injuste de ne pas leur adjoindre les grands arquebusiers de Paris, Lepage, Gastinne, Lefaucheux, qui eux aussi apportèrent aux questions de la percussion et du chargement par la culasse un tribut éclairé.

Le premier, le capitaine Delvigne préconisa la réduction du calibre et l'emploi des balles cylindro-ogivales, mais, comme je l'ai dit plus haut, à cette époque, toute réduction du calibre semblait une nouveauté tellement hardie que les meilleurs raisonnements ne pouvaient convaincre les pires sourds.

L'adoption de la carabine modèle 1846 à tige, système inventé par le colonel Thouvenin, avec balles cylindro-ogivales à cannelures, satisfaisait les partisans de la portée et de la justesse, surtout après les modifications qu'apporta le capitaine Minié au modèle 1859 et déjà appliquées dans le fusil modèle 1854.

Le fusil modèle 1842 tirait la balle de 20 à la livre soit 25 grammes avec sept grammes de poudre ; la carabine modèle 1846 une balle de 47 grammes avec une charge de 4 gr. 50 ; et il était impossible, en raison de la vitesse de recul, de dépasser ces limites. Voilà ce qu'écrivait à ce sujet un auteur (1) compétent : « La carabine de munition rayée porte la balle avec une assez grande précision jusqu'à 1,000 mètres, et la pénétration de ce projectile est suffisante pour mettre l'ennemi hors de combat à 1,200 mètres ; mais sa trajectoire est si peu tendue à 500 mètres par exemple que lorsque l'arme est pointée à cette distance, la balle s'élève : à 100 mètres, de 2^m,70 ; à 250 mètres, de 5^m,10 ; à 450 mètres, de 2^m,50 ; et enfin à 475 mètres, de 1^m,33 au-dessus de la ligne de tir, de façon que si l'on ajuste la ceinture de l'homme ou le poitrail du cheval, une erreur de 50 mètres sur la distance à 500 mètres, et une erreur de 25 mètres ferait manquer soit le cavalier, soit le fantassin en supposant du reste le tir irréprochable, à 1,000 mètres une erreur de 10 mètres firent manquer le fantassin ».

Laissons les difficultés d'entretien. La suppression de la tige et l'adoption de la balle expansible dans les modèles 1854, 1857, 1859, les supprima. Mais ne peut-on pas dire qu'en rejetant systématiquement la réduction du calibre, on fit, de 1854 à 1857, par crainte de toute innovation et surtout par manque d'études, de mauvais ouvrage ?

1. Léon Marès : *Les Armes de Guerre à l'Exposition universelle*. Paris, chez Tancra. 1867.

A. Armes lisses a percussion de 1840 a 1854

Armes transformées du système 1822, transf. 1841 (Platine pl. I).

Fusil mod. 1822, transformé 1841 (m. 840, 841).

La transformation porte sur le canon et sur la platine.

L'ancienne lumière est bouchée par un grain en fer. Une masselotte sphérique est vissée dans la lumière et porte la cheminée ; elle est en retrait sur le pan latéral. *Guidon brasé (supprimé sur l'embouchoir)* ; hausse fixée avec cran sur la queue de culasse.

(Les transformations d'essai 1840 ont été précédemment indiquées.)

La platine est transformée à percussion par la suppression du bassinet, de la batterie et du ressort de batterie. Les trous de vis sont bouchés. Le logement du bassinet est rempli par la pièce du bassinet maintenue par la vis du bassinet ; cran de sûreté à la noix.

Le bois est dégagé, à l'extrémité du fût, pour permettre le passage des boucles sur le guidon brasé.

Fusil de marine.
Même transformation.

Fusil de dragon (m. 846).
Même transformation.

Mousqueton de gendarmerie, mod. 1825, transf. 1841 (m. 848).
Même transformation.

Nota. — Quelques armes de ce genre (m. 849) ont servi à l'artillerie en Algérie et ont été modifiées par la suppression du battant de grenadière reporté à l'embouchoir et le fût prolongé par une enture jusqu'à la douille de la bayonnette.

Mousqueton d'artillerie mod. 1829, transf. 1841 (m. 850).
Mêmes transformations.

Mousqueton de cavalerie mod. 1832, transf. 1841 (m. 845).
Mêmes transformations.

Mousqueton de lancier mod. 1836, transf. 1841 (m. 852).
Mêmes transformations. La hausse transportée sur la queue de culasse.

Nota. — Plusieurs de ces armes ont reçu des canons de rechange neufs, poinçonnés *C. de 18 N.*, et sur la queue de culasse marqués du nom du modèle, suivi de la lettre T. Il existe aussi des platines neuves d'une pièce.

B. Armes des systèmes 1840, 1842, 1843, modif. 1847.

Fusil d'infanterie mod. 1840 (m. 853) (Platine pl. I).
HT 1,445ᵐᵐ; de voltigeur 1,383ᵐᵐ.

Ce fusil, qui n'est qu'une arme d'essai, présente les dispositions générales du modèle 1822. Il en diffère par le guidon à embase brasé dorénavant sur le canon; la culasse à chambre dont le bouton se visse à droite. La cheminée vissée directement sur la culasse et la hausse fixe, ajustée à queue d'aronde sur la queue de culasse. Platine mod. 1840; en *arrière*, à chaînette avec crête et chien plus court; pas de porte-vis. La joue de la crosse est supprimée, ainsi que dans les modèles suivants.

Fusil d'infanterie mod. 1842 (m. 857).
HT 1,477ᵐᵐ; de voltigeur 1,423ᵐᵐ; poids 4 kil. 300 et 4 kil. 230.
Longueur du canon : 1ᵐ,083 et 1ᵐ,029; calibre de 0ᵐ,18. Diffère du précédent par le bouton de culasse qui se visse à gauche et la masselotte de la cheminée prise de forge et arrasant le pan latéral. La hausse est également prise de forge.
Bayonnette mod. 1822.

Fusil d'infanterie mod. 1842, modif. 1847.
Ce fusil diffère du précédent par la platine dont les détails intérieurs ont été changés relativement à la position du talon de la noix et à l'écartement plus fort des deux cylindres de la bride entre lesquels se meut le talon de la noix.
Bayonnette mod. 1847. (*Voir* Art. IX.)

Fusil de marine mod. 1840 et mod. 1842 (m. 856).
HT du fusil de voltigeur.
Dispositions du fusil d'infanterie, mod. 1840 et 1842, et des fusils de marine antérieurs.

Fusil de dragon mod. 1842 et mod. 1842, modif. 1847 (m. 859, 862).

Disposition du fusil d'infanterie, de ces modèles et du fusil de dragon mod. 1882.

Mousqueton de gendarmerie mod. 1842 et mod. 1842, modif. 1847 (m. 860).

HT 1,146^{mm}; poids : 2 kil. 288.

Dispositions des précédents.

Nota. — Il n'existe pas de mousqueton de cavalerie autre que le modèle 1822 transformé. Il en est de même pour le mousqueton de lancier. Ces armes restèrent en service jusqu'aux premiers mois de l'année 1870.

C. Système 1853.

Le système 1853 ne diffère du précédent que par quelques détails.

Fusil d'infanterie mod. 1853 (m. 864).

Masselotte de forge en saillie sur le pan latéral droit; guidon à embase.

Platine mod. 1853, ne différant du mod. 1847 que par le chien qui est brasé sur le canon, ramené plus à droite et raccourci en conséquence.

Fusil de marine mod. 1853.

Fusil de dragon mod. 1853 (m. 865).

Dispositions du fusil d'infanterie mod. 1853.

Mousqueton de gendarmerie mod. 1853

Dispositions du fusil mod. 1853.

D. Fusils doubles.

Fusil de voltigeur corse mod. 1848 (Ensemble pl. III).

HT 1,220^{mm}; poids 4 kil. 640; calibre 0,17^{mm},5.

Canon double en ruban de fer; bronzé de 0^{m},795; fixé à la monture par une tirette et deux crochets à bascule. Guidon brasé;

tenon de bayonnette sur le canon droit ; dispositions générales des fusils de chasse.

Platines en arrière. Baguette à tête de clou.

Bayonnette spéciale à douille double, de 0,290^{mm} de long, fermée d'une lame à section losangulaire et à embase rectangulaire coudée ; rainure, ressort et poussoir.

Mod. 1850 (m. 866).

Ne diffère du précédent que par la hausse à cran de mire. Les platines sont fixées par deux vis au lieu de l'être par une vis et un crochet.

E. Armes a feu rayées réglementaires de 1840 a 1854

Carabine mod. 1837 de tirailleurs, dite « *à la Pontcharra* », (m. 867). (Ensemble et hausse pl. III).
HT 1,300^{mm}.

Canon de 870^{mm} à cinq pans courts ; calibre de 17^{mm} ; six rayures rondes de 2^{mm},3 de largeur et de 0^{mm},4 de profondeur au pas de 6^{mm},226 ; culasse trempée à chambre et à fond sphériques ; guidon et tenon de bayonnette brasés ; cuvette de chien avec garde-feu ; lumière légèrement à droite ; cheminée vissée ; hausse fixe à cran ; lamelle de hausse à charnière portant un trou et un cran marqués 200 et 250 mètres.

Monture, boucles et garnitures du fusil d'artillerie mod. 1822.

Platine en arrière et à chaînette dite à la *Pontcharra*, le corps et la crête du chien très allongés, avec fort devers ; la platine s'ajustant à l'aide d'une vis sur une rosette en forme de cœur qui remplace le porte-vis.

Baguette à tête cylindrique concave et percée d'un trou.

Bayonnette primitivement d'infanterie mod. 1822, puis bayonnette-sabre (*Voir* Art. IX).

Fusil de rempart allégé mod. 1838 (m. 892). (Hausse pl. III).
HT 1,285^{mm} ; poids 5 kilos.

Calibre de 20^{mm},5 ; six rayures au pas de 8^{mm},120 ; dispositions générales de la carabine mod. 1840 ; plaque de couche à bec ; sougarde avec support de main ; pas de capucine ; garniture et boucles en fer ; battant de crosse.

Hausse fixe et hausse mobile avec ressort lamelle ; deux trous et un cran marqués 400, 500 et 600 mètres.

Platine à la *Pontcharra* ; chien et cuvette avec garde-feu ou pare-éclats.

Bayonnette-sabre (*Voir* Art. IX).

Carabine mod. 1840 dite « de munition » (m. 868). (Ensemble pl. III).

HT 1,285^{mm} ; poids 4 kil. 616.

Calibre de 17^{mm} ; canon de 840^{mm}, à quatre rayures larges de 7^{mm} et profondes de 0^{mm},5 au pas de 6^{mm},226 ; tenon de sabre-bayonnette à droite sans directrice ; logement sur le canon pour la cheminée.

Monture du fusil mod. 1840 sans capucine ; battant de la crosse.

Platine en arrière mod. 1840.

Baguette à tête tronconique percée d'un trou.

Hausse fixe et hausse mobile à quatre trous et à un cran pour les distances de 300, 400, 500 et 550 mètres sans indication.

Sabre-bayonnette mod. 1840 (*Voir* Art. IX).

Fusil de rempart allégé mod. 1840 (m. 894). (Hausse pl. III).

HT 1,285^{mm}, poids 5 kilos.

Dispositions générales de la carabine mod. 1840 et du fusil de rempart 1838.

Hausse fixe et hausse mobile à trois trous et un cran pour les distances de 300, 400, 500 et 600 mètres.

Sabre-bayonnette mod. 1840 (*Voir* Art. IX).

Carabine d'essai mod. 1842 (m. 869). (Hausse pl. III).

HT 1,285^{mm}, poids 4 kil. 605.

Calibre de 17^{mm},5 ; rayures comme à la carabine 1840 dont elle offre les dispositions générales ; plaque de couche à bec et cul de poule ; masselotte de forge.

Hausse fixe et hausse mobile à lamelle avec un trou et un cran sans indication.

Sabre-bayonnette mod. 1842 (*Voir* Art. IX).

Fusil de rempart allégé mod. 1842 (m. 895).

HT 1.285^{mm}, poids 5 kilos.

Dispositions générales des précédents ; même hausse ; pas de support de main à la sougarde.

Nota. — Les numéros m. 895 et 896 du Musée d'Artillerie sont à tige et par conséquent transformés pour les essais de la carabine mod. 1846.

Nota. — Les grandes dimensions du calibre des fusils de rempart les font encore utiliser comme fusils porte-amarres.

F. Armes a tige.

Carabine a tige mod. 1846 (m. 870). (Hausse pl. III).

HT 1.285^{mm}.

Calibre de 17^{mm},8 ; canon de 868^{mm} à quatre rayures de profondeur progressive de 0^{mm},5 à 0^{mm},3 au pas de 2 mètres ; dispositions générales du mod. 1840.

Cheminée vissée dans une masselotte de forge arcusant le pan latéral ; tige de 9^{mm} de large et 38^{mm} de longueur vissée sur la culasse.

Hausse à charnière et à curseur ; graduée de 150 à 1,000 mètres.

Baguette à tête cylindriquo-conique concave percée d'un trou.

Sabre-bayonnette mod. 1842.

Carabine mod. 1853 (m. 881).

Ne diffère de la précédente que par les modifications inhérentes au modèle 1853 ; la platine mod. 1853 et la masselotte de la cheminée prise de forge forment saillie sur le pan latéral droit.

Les carabines 1846 qui ont reçu un canon mod. 1853 ont subi une modification du chien qui a été raccourci et ramené à droite, et du fût dans lequel il a été pratiqué un encastrement.

Mousqueton d'Artillerie mod. 1829 transf. 1841 transf. *bis* a tige 1846 (m. 872 et 873). (Hausse pl. II).

Ne diffère du mousqueton 1829 transf. 1841 que par quatre rayures de profondeur progressive de 0^{mm}5 à 0^{mm}2 de gauche à droite au pas de 2 mètres.

Baguette de la carabine 1846 ; tenon et directrice de sabre-bayonnette de la carabine mod. 1842.

Hausse primitivement mobile à trois trous et à cran cotés 300, 400, 500 et 600 mètres et à pied portant embrasure, puis à curseur et à planchette graduée de 150 à 600 mètres.

Crosse allongée de 2 cent. 6 par décision du 22 avril 1855 (m. 874).

Sabre-bayonnette mod. 1842.

Fusils mod. 1822-1841, 1842 et 1853 transf. a tige.

Ces fusils ont servi à titre d'essai pendant la campagne de Crimée aux régiments de zouaves.

La transformation a porté sur la tige et les rayures du canon au nombre de quatre de profondeur progressive au pas de 2 mètres, la hausse et la baguette comme à la carabine mod. 1846.

ARTICLE V

De 1854 à 1866

Depuis l'adoption, en 1838, de la carabine Pontcharra, la question de l'emploi d'une arme à balle forcée, d'une carabine, avait reçu une solution pratique, bientôt perfectionnée par l'invention de *la tige*, due au capitaine Thouvenin et des balles cylindro-ogivales imaginées par le capitaine Minié, un fantassin, et le capitaine Tamisier, si bien caractérisés par le récit du duc d'Aumale. Les résultats donnés par la carabine mod. 1846, dont la justesse et la portée de 1,000 mètres étaient inconnues jusqu'alors, permettaient aux esprits judicieux de concevoir, non plus pour quelques corps spéciaux, formés en vue d'un but tactique généralement oublié, mais pour l'infanterie entière, un armement nouveau établi sur les données de la carabine des chasseurs.

A vrai dire, cette arme n'était pas sans défaut, et il ne faudrait pas croire que l'on ne se fût pas aperçu dans le sein de la Commission de Vincennes du défaut de tension de la trajectoire qui faisait de la carabine une arme de stand plutôt qu'une arme de guerre. Mais rares étaient, en 1851, les partisans de la réduction du calibre, et bien que Treuille de Beaulieu y ait converti le Prince-Président, bien que, dès cette époque il eût entrepris les études qui devaient aboutir au modèle des Cent-Gardes, les idées, dans l'armée, n'étaient point préparées à une telle évolution, et à un autre point de vue, ni le Gouvernement, ni la Représentation nationale, ni aussi le contribuable n'étaient habitués à ces énormes dépenses d'armement qui, de nos jours, transforment la paix en une guerre à coups de millions.

Ce fut l'époque de controverses passionnées dont les extraits suivants d'un rapport fait en 1851 par le colonel d'artillerie Boucheron donneront une idée. Les propositions de cette pièce qui provient de la bibliothèque du général Mellinet, lui aussi un apôtre du tir, au sujet des fusils à tige, sont évidemment discutables mais excessivement intéressantes, car elles donnent la physionomie de la question à cette époque.

« De toutes les inventions nouvelles que l'Artillerie a puissamment contribué à réaliser, écrit le colonel Boucheron, qui semble, ici, un peu oublier la composition de l'École de Vincennes, une des plus importantes est celle des armes *à tige* et à balle cylindro-conique. La précision et la portée qu'on est parvenu à donner à ces armes, la facilité qui en résulte de lancer avec justesse des projectiles à une distance double de celle à laquelle les canons peuvent lancer leurs balles (tir à mitraille) apporteront indubitablement dans les diverses opérations de la guerre des changements notables dont on ne peut encore mesurer l'étendue.

« Dans la défense des places, la tâche d'obliger l'assiégeant à substituer dans les derniers travaux la sape pleine à la sape volante est mal remplie par le fusil d'infanterie dont la portée est suffisante pour les 250 mètres des lignes de la fortification. Mais pour frapper les officiers et les servants des pièces, il est nécessaire d'avoir une arme supérieure en justesse. Le fusil de rempart à chambre mod. 1842 avait déjà fait faire un grand pas à la question, lorsque les expériences sur les fusils à tige et les balles coniques la résolurent. On est parvenu à faire des armes aussi maniables que le fusil d'infanterie dont l'écart moyen à 600 mètres est de 60 centimètres et qui réunissent, par conséquent, toutes les conditions de justesse et de portée. »

Cette partie relative à la guerre de siège serait relativement peu intéressante si nous ne songions que nous sommes à la veille de celui de Sébastopol, type régulier des sièges modernes. Celle qui traite de la guerre en campagne la surpasse de beaucoup en intérêt et c'est, chose quelque peu inattendue, par une comparaison au canon de campagne, que le rapport oppose la nouvelle arme à l'ancienne, d'après les expériences de tir individuel et d'ensemble.

« En résumé, on peut dire que, soit que l'on considère une ligne déployée, soit une colonne profonde, il n'y a aucune comparaison à établir entre les résultats que donnent les armes à tige et ceux obtenus jusqu'à ce jour avec les armes d'artillerie lisse ; qu'à nombre égal de projectiles, les effets du tir à balles (mitraille) sont, au plus, le tiers de ceux que donnent les feux de tirailleurs et ceux de peloton, et qu'en admettant que, depuis 600 jusqu'à 1,000 mètres, la justesse du fusil à tige ne soit pas plus grande que celle du canon de campagne, celui-ci, malgré la pénétration de ses boulets, sera dans des conditions désavantageuses, car si la pénétration jointe à la justesse de son tir lui permet d'enlever tous les trois coups une file entière dans une ligne déployée ou 36 hommes dans une colonne profonde de 12 mètres, il est évident qu'il suffit à un fantassin de tirer d'une part 9 coups et de l'autre 10.8 pour arriver à ce même résultat.

« On sait que les affaires s'engagent toujours au moyen d'un feu d'artillerie et d'un feu de tirailleurs qui fatiguent les positions des batteries. On sait que c'est à l'abri de ce feu exécuté à bonne portée que les troupes offensives prennent leurs dispositions. Il semble que l'emploi des fusils à tige apportera des changements notables dans cette façon d'entamer l'action, car ce qui fait la sécurité des batteries, c'est bien moins la distance à laquelle elles se tiennent de l'ennemi que celle qui les sépare de leurs tirailleurs. Pense-t-on qu'aujourd'hui des pièces puissent rester dans une position où elles seraient atteintes par les tirailleurs qui auraient réussi à se porter à quelques pas des lignes de l'armée attaquée. L'emploi du fusil à tige est donc éminemment défensif.

« Si à Wagram, à la Moskowa, à Toulouse, les divisions qui eurent le plus de part au succès de ces mémorables journées avaient été soumises, pendant leurs attaques, au feu de fusils à tige, au lieu d'avoir à supporter celui de la mitraille sphérique, les résultats auraient-ils été les mêmes que ceux qui ont résulté de l'emploi des obus à balles. A Talavera, l'attaque de l'armée française contre la gauche de l'armée anglaise, bien que protégée par le feu de 80 canons, échoua surtout par le feu de l'infanterie anglaise. A Albuéra, l'apparition de deux brigades anglaises et le feu qu'elles engagèrent suffirent pour paralyser un mouvement qui se faisait sous la protection d'une puissante artillerie. L'impossibilité où les colonnes du maréchal Soult furent de se déployer est d'autant plus digne de remarque que les munitions d'artillerie manquaient aux Anglais et que la résistance fut due uniquement au sang-froid avec lequel elle exécuta ses feux.

« En citant ces exemples, notre but est de faire sentir, à la fois, et la puissance du feu d'infanterie, lorsqu'il est exécuté par des hommes confiants dans leurs armes, et, dans ce cas, le vice même de la disposition des colonnes profondes, qui est généralement adoptée pour l'attaque, si un feu de mousqueterie exécuté à 250 mètres a jadis suffi. *Si la justesse même d'une arme et la confiance qu'on doit avoir en elle sont pour le fantassin un motif de donner plus de perfection à son tir, il n'est pas douteux qu'on sacrifie enfin la solidité d'une troupe à l'augmentation de ses feux.*

« La disposition des carrés contre la cavalerie, telle que l'infanterie dot en prendre une à Talavera, acquerra évidemment par l'emploi du fusil à tige un degré de force qui non seulement tendra à annuler l'effet des charges, mais qui pourrait même paralyser une grande partie de celui des canons dont l'appui est presque indispensable à la cavalerie pour réussir dans de pareilles entreprises.

« Dans sa marche sur Madrid, Napoléon trouva le défilé de Somo-Sierra occupé par 12,000 Espagnols et 80 pièces qui furent enlevées par la charge des lanciers polonais de la Garde. Ce brillant exploit eût-il été obtenu si le général Saint-Jean n'avait vu ses canonniers honteusement abandonnés par leur infanterie ?

« Il est un genre de guerre que les Français ont fait quelquefois avec succès et qui, en Espagne, leur coûta beaucoup de monde, lorsqu'ils eurent à en supporter les effets. Cette grande guerre est celle de partisans. Nous croyons ne point avancer un fait contraire à la vérité en disant que les obstacles qui les séparent de leurs ennemis doivent, en augmentant en eux cette liberté d'esprit et de corps qui fortifie le courage et assure le coup d'œil, être d'un grand secours pour accomplir la périlleuse mission à laquelle ils se sont voués. Il nous paraît constant que si en pareil cas la grande distance à laquelle les fusils à tige permettent d'atteindre l'ennemi n'ajoute rien aux facultés énergiques de véritables partisans, il y aura parmi les hommes plus timides beaucoup de bons tireurs qui en apprécieront tous les avantages et qui viendront porter à la défense de leur pays un tribut qu'ils n'auraient certainement pas songé à lui donner.

« Nous citerons les Arabes qui, depuis vingt ans, font aux Français une guerre de partisans dont les effets seraient désastreux pour eux si la réputation de leurs ennemis comme bons tireurs était méritée et que ceux-ci aient entre les mains des armes ayant la précision et la portée des fusils à tige.

« Dans cette guerre, la masse des troupes, qui est généralement formée sur cinq colonnes, dont deux d'infanterie, deux de cavalerie et une de bagages placée au centre, est toujours plus ou moins encadrée par une ligne de tirailleurs distante de 300 à 400 mètres du corps principal. Ces tirailleurs, que protègent de petites réserves, maintiennent dans presque toutes les circonstances, les Arabes à 200 ou 300 mètres au plus loin, de sorte qu'ils les réduisent à ne pouvoir lancer contre la masse des troupes que des balles mortes. Qu'arriverait-il si les Arabes étaient armés de fusils à tige ? Il est douteux qu'on puisse, dans ce cas, protéger les colonnes en poussant les tirailleurs à 400 ou 500 mètres plus loin.

« Dans ces exemples nous avons comparé l'infanterie à elle-même, à la cavalerie et à l'artillerie, et nous avons cherché à faire voir que la marche lente des colonnes d'attaque doit avoir pour effet les plus fâcheuses conséquences, lorsqu'elle s'opèrera sous le feu de fusils à tige. Nous allons faire maintenant un examen rapide des objections qu'adressent à cette arme ceux qui en rejettent complètement l'usage ou ceux qui ne veulent en pourvoir que des corps particuliers. Celles-ci sont très nombreuses et ressemblent à toutes les objections qui accueillent les inventions nouvelles.

« Les plus sérieuses s'adressent à l'arme elle-même, aux difficultés de la charger, de la nettoyer et de l'entretenir, à la diminution des cartouches portées soit par les caissons, soit par les hommes, et enfin par l'impossibilité de profiter de la justesse à la distance de 800 et 1,000 mètres. Les moins sérieuses expriment bien moins de doute sur la bonté de l'arme que de regrets de renoncer à un fusil avec lequel on a fait les mémorables campagnes de l'Empire. Enfin les dernières qui sont entièrement locales et qui ne manquent point d'une certaine importance, s'adressent plus particulièrement au caractère des Français et puis à leur courage qui, dit-on, ne pourra que s'énerver lorsqu'ils auront la faculté d'en faire l'épreuve à une si grande distance de l'ennemi.

« Aux premières objections nous répondons que la difficulté de chargement, par cela même qu'elle n'est qu'une question de temps, est peu de chose, et qu'elle mérite de fixer d'autant moins l'attention, qu'on a toujours reproché aux Français la rapidité de leur feu ; que les fusils à tige peuvent tirer, sans être lavés, autant de coups que les fusils ordinaires. Le nettoyage qui a lieu en dehors du champ de bataille ne signifie rien et si l'instrument dont on fait usage pour cette opération est une petite complication, ce n'est point là une raison pour rejeter une arme si supérieure à celle que l'on possède.

« La question des cartouches n'est pas plus sérieuse. D'après les expériences elles sont, il est vrai, plus grosses et moins faciles à confectionner que les anciennes, mais, comme elles résistent beaucoup mieux au transport, la difficulté qui se réduit à une question d'approvisionnement général est bien moins grande qu'elle paraît l'être. Quant à l'approvisionnement particulier, il est probable qu'il se conservera mieux que l'ancien, et d'ailleurs si la justesse de l'arme augmente dans une proportion telle qu'il fasse, avec le nombre de cartouches qu'il faut transporter, dix fois plus de mal qu'il n'en faisait avec celles qu'il portait autrefois, il est évident que cette objection est levée.

« Ce qui resterait à démontrer, c'est la possibilité de profiter de la justesse du fusil à tige et des distances où, dit-on, il n'y aurait pas moyen de rectifier le tir s'il venait même à être prouvé qu'on aperçoit le but sur lequel on le dirige.

« Pour répondre à cette objection, nous ne pouvons que nous appuyer sur les résultats d'expériences précédemment cités. Toutefois comme ceux-ci ont été obtenus en grande partie par des hommes exercés auxquels on indiquait la distance, nous conviendrons qu'une fausse appréciation de cette distance, la fumée et l'émotion des champs de bataille, doivent singulièrement modifier de pareils résultats, mais il n'est

aucune arme à laquelle on a comparé le tir du fusil à tige qui ne soit
sujette à des reproches du même genre. Nous pensons que l'appréciation des distances est loin d'être parvenue, dans les régiments d'infanterie, au degré de perfection où l'habileté et l'intelligence des officiers
peuvent la porter et que les soldats eux-mêmes trouveront certainement
dans la grande justesse des fusils à tige, un puissant motif pour donner
tous leurs soins à celui de leurs exercices qui est le plus important mais
qui, malheureusement jusqu'à ce jour, a été, à cause de l'imperfection
de leurs armes, le moins fécond en résultats.

« Quelle que soit notre admiration pour les mémorables campagnes
de l'Empire, il nous est impossible d'y trouver un motif de répudier
une arme qui joint à toutes les propriétés du fusil ancien, l'éminent
avantage de porter ses projectiles à la distance où le canon seul pouvait
lancer les siens. D'ailleurs un pareil raisonnement, s'il était sérieux,
ferait la critique de toutes les améliorations qui ont été apportées
dans l'armement des troupes depuis la victoire de Tolbiac à nos jours.

« Quant aux dernières objections qui sont basées sur la crainte que
l'usage d'armes, ayant une aussi longue portée ne tende à faire
décroître la valeur nationale et à paralyser, au milieu des avantages
que la défense acquerra à cette puissance pour attaquer, à laquelle les
Français ont peut-être dû leurs plus brillants succès, nous dirons que,
sans vouloir leur contester leur adresse, leur intelligence, cet excite-
ment et cette force d'impulsion dont ils font si bien usage dans l'attaque
des positions, on peut cependant observer que chez eux le décourage-
ment étant aussi prompt que l'enthousiasme, peut-être ne vaudrait-il
pas mieux tant exalter une qualité qui croît dans la même proportion
que le défaut contraire ; que si on nous dit qu'il n'y a pas lieu de
discuter un fait qui tient à la nature même du peuple ; qu'on doit de
préférence adopter le genre de guerre qui lui convient le mieux, nous
répondrons qu'à l'époque où l'emploi des armes blanches devait faire
nos troupes aussi redoutables que possible dans l'attaque, elles ont
cependant essuyé de cruels revers, que, de nos jours, cette impétuosité
est venue plus d'une fois mourir aux pieds d'une infanterie solide et
qu'enfin si les armes à tige sont aussi avantageuses que nous le pensons, les puissances étrangères ne nous en firent pas le sacrifice, afin
que nous puissions nous porter à l'attaque d'une position avec tous les
avantages que la nature nous a donnés. Si la juste appréciation de cet
avantage n'est point chose facile et si l'objection a quelque valeur,
nous n'en disons point autant de celle qui s'adresse au courage national
car, pour justifier la crainte de la voir diminuer parce qu'à certaines
périodes de combat on ne se trouverait plus à longueur de pique, il
faudrait prouver que les soldats d'Austerlitz ou de Waterloo ne sont
plus ceux de Poitiers ou d'Azincourt.

« Donnera-t-on ces fusils seulement à quelques corps spéciaux destinés à jouer un rôle particulier dans les combats? Notre réponse ne saurait être douteuse. Non, car alors, on verrait disparaître les principaux avantages que nous avons dit pouvoir être retirés de cette arme pour ne conserver qu'un feu individuel dont l'artillerie qui joue un rôle très ingrat, dans cette question, supporterait encore les dangereux effets. Bien que ce soit à l'expérience seule de la guerre, de donner la mesure de ces grands avantages que nous croyons devoir se produire, nous dirons que ceux qui préfèrent l'armement général de l'infanterie sont plus conséquents avec eux-mêmes que ceux qui sont partisans de l'armement partiel; car, de deux choses l'une, ou l'arme est mauvaise et alors on aurait tort de l'adopter pour un certain nombre de régiments; ou bien elle possède les qualités nécessaires que nous lui avons reconnues et on aurait, en ce cas, moins de raisons de ne pas la donner à tout le monde. Qui ne prévoit dans cette dernière hypothèse, que le sacrifice que nous ne voudrions imposer ni à nos finances, ni même à notre éducation militaire, d'autres se l'imposeraient et que, peut-être, à ce moment, ce seraient les indicateurs de l'arme qui en supporteraient les premiers les dangereux effets. »

C'est à titre anecdotique que je transcris ces longs extraits du rapport du colonel Boucheron, tout en lui laissant la responsabilité de certaines assertions; il serait trop aisé de donner, un demi-siècle après lui, la solution à certaines questions, la réfutation à certaines objections. Parmi ces dernières à lui présenter alors, plusieurs sont sans valeur, puériles même, mais il est curieux de constater que celle tirée de l'amoindrissement du caractère français, se réalisa la première. En 1870, à Saint-Privat, par exemple, l'armée française qui, dans la défensive, obtint par l'emploi du feu sur des colonnes d'attaque profondes un résultat jusqu'alors inconnu, puisque, suivant un témoin oculaire, les morts de la Garde prussienne restèrent debout sur sept rangs, sembla avoir oublié les qualités offensives de notre race. Mais est-ce bien l'arme qu'il faut accuser plutôt que ceux qui partirent en campagne sans la connaître?

Quoique le colonel Boucheron se flattât d'avoir victorieusement répondu à toutes les objections, une des plus sérieuses était celle relative à la diminution des approvisionnements général et particulier. La lenteur du chargement en était une autre qu'à notre époque on jugerait capitale. En 1851, il n'en était pas ainsi, et jusqu'en 1870 on redouta par-dessus tout les *tireries*, le gaspillage et l'épuisement prématuré des munitions; l'idée persista obsédante jusqu'à nos jours, non sans quelque raison.

Le colonel Boucheron ne semble connaître aussi que les expressions de portée et de justesse et non celle de rasance de la trajectoire, et semble oublier qu'il existe déjà dans une armée étrangère une arme se chargeant par la culasse, le fusil Dreyse. Est-ce sa faute? Est-il tenu d'avoir été un prophète? Il n'y en eut qu'un à cette époque, Treuille de Beaulieu, et il fallut quinze années pour que les idées de celui-ci, en dépit de la conviction qu'il avait pu inspirer au souverain lui-même, en dépit des expériences qu'il fit à la commission de Vincennes sur la réduction de calibre avec le fusil de Cent-Gardes, arme ingénieuse qui fut traitée de joujou, pour qu'on réalisât, en France, une réduction du calibre.

Combien le fusil catalogué au Musée d'Artillerie m. 891, fruit des travaux de la commission de Vincennes, nous paraît inférieur, et pourtant ce fut le produit de longues études faites par des hommes expérimentés et dont profitèrent tous les inventeurs, Chassepot le premier, qui n'inventa en réalité qu'un mode d'obturation.

Pensait-on, en 1851, à une transformation radicale de l'armement? Qu'était alors encore l'instruction du tir, même dans les bataillons de chasseurs à pied, en vertu de l'*Instruction du 28 novembre 1847* d'où sont issus tous nos manuels de tir? Le tir à la chandelle dans les chambres était la seule préparation au tir de cible. Voilà pour l'infanterie; que dire des autres armes où le tireur devait lui-même proportionner la charge au poids de son arme.

Je n'en dirai point autant du rejet systématique de la hausse à curseur, même de la hausse à lamelles qui, malgré un timide essai en 1854 (m. 875 et 876), parut trop savante pour être mise dans les mains d'un soldat qui restait sept ans au service. L'idéal à la guerre serait de toujours tirer de but en blanc.

Le fusil à tige reçut en Crimée le baptême du feu, car le général Mellinet avait convaincu Napoléon III. Les zouaves, au cours de cette campagne, reçurent des fusils de modèles antérieurs transformés à tige.

Que put donner cette expérience? Fort peu de chose: la guerre de Crimée fut surtout de siège, où on tire de près. A l'Alma, les zouaves emportaient les lignes russes plus par leur choc que par leur feu, et le fusil à tige n'eut pas la vraie consécration de la rase campagne qui eût inspiré aux esprits le principe de la réduction du calibre. Néanmoins les raisons qu'exposent le colonel Boucheron furent assez universellement reconnues, puisque le principe, sinon de la tige, car celle-ci disparut devant l'ingénieuse invention des balles expansibles, du moins celui de la rayure, mis en essai dans la Garde impériale par l'adoption du fusil mod. 1854, fut étendu à toute l'infanterie française par l'adoption du fusil mod. 1857 et la transformation des modèles antérieurs.

Les inconvénients inhérents au système à tige avaient disparu. Le capitaine Minié avait résolu le problème à l'aide de la balle à culot de fer ou de bois ; invention imparfaite en raison des arrachements ou de l'oxydation du culot. Celle-ci était devenue pratique par l'adoption de la balle simplement expansible qui résolvait le problème du forcement.

On peut dire que l'on tira du fusil ancestral tout ce qu'il pouvait donner. La campagne d'Italie se fit avec des armes rayées qui, d'avance, auraient dû assurer à l'armée française un avantage tactique. Le canon de campagne rayé fit oublier le fusil mod. 1857. Que donna, du reste, celui-ci pour sa part ?

Ceux qui conduisirent nos armées d'après des principes exclusivement inspirés des souvenirs du Premier Empire, ne surent pas profiter des avantages d'une arme d'infanterie rayée, au détriment de la conservation de leurs effectifs, et il n'apparaît pas que dans les plaines de la Lombardie, où Bonaparte avait inauguré une stratégie nouvelle, son neveu ait appliqué au fusil rayé une tactique rationnelle. La *furia francese* et le débraillage furent pour tout dans le succès de cette campagne, et les Autrichiens qui, bravement, firent en 1866 l'application de la tactique démodée du choc, se heurtèrent devant un nouveau Dieu des armées, le fusil à aiguille, ou plutôt le fusil se chargeant par la culasse.

A. Système 1854 de la garde impériale.

Fusil mod. 1854 dit de la garde impériale (m. 883).
HT de grenadier 1,470ᵐᵐ ; de voltigeur 1,423ᵐᵐ ; poids 4 kil. 340 et 4 kil. 240.

Le fusil mod. 1854 présente l'aspect extérieur du fusil mod. 1853 ; quatre rayures hélicoïdales de gauche à droite au pas de 2 mètres, à profondeur progressive de 0ᵐ,5 à 0ᵐ,1. Guidon sur le canon.

Tête de baguette en poire à dessus concave.

Hausse de forge.

Bayonnette mod. 1847.

Nota. — Plusieurs de ces fusils furent transformés 1857 rayures et baguette.

Mousqueton de gendarmerie mod. 1854 dit de la garde impériale (m. 838).

HT 1,114^{mm} ; poids 3 kil. 200.

Le mousqueton de gendarmerie présente l'aspect extérieur du modèle 1853 ; quatre rayures hélicoïdales de gauche à droite au pas de 2 mètres, à profondeur progressive de 0^m,4 à 0^m,1.

Tête de baguette en poire à dessus concave.

Hausse de forge.

Bayonnette mod. 1847.

B. Système 1857.

Fusil mod. 1857 (m. 886).

HT uniforme 1,423^{mm} ; poids 4 kil. 255.

Dispositions générales du modèle 1853. Masselotte de forge arrasant le canon ; quatre rayures hélicoïdales de gauche à droite au pas de 2 mètres non progressives de 0^m,2 de profondeur.

Hausse de forge.

Baguette à tête de clou.

Bayonnette mod. 1847.

Fusil de dragon mod. 1857.

Dispositions générales du fusil 1853 et particulières du fusil d'infanterie mod. 1857 pour les rayures, la hausse et la baguette.

Carabine mod. 1859.

Dispositions générales de la carabine mod. 1853.

Hausse mod. 1859 ; baguette plus longue en raison de la suppression de la tige. Sabre-bayonnette mod. 1842 modifié 1859.

Mousqueton de gendarmerie mod. 1857.

Dispositions générales du mousqueton mod. 1853 et particulières du fusil mod. 1857, rayures de profondeur comme au fusil. Baguette en forme de clous.

Fusil de marine mod. 1857.

C. ARMES DE TRANSFORMATION.

Les armes transformées 1857 comprennent les fusils des modèles 1816 et 1822 transformées *bis*, et les fusils 1840, 1842 et 1853 transformés 1857. La transformation porta sur les canons qui furent tous ramenés à la longueur de ceux du fusil mod. 1857, HT 1.423^{mm}. Les rayures au pas de 2 mètres et de profondeur uniforme, et la hausse fixe. La masselotte est vissée.

La monographie notera les essais de fusils transformés mod. 1822, mod. 1840 et mod. 1842 catalogués m. 875, 876, 877 et 878 avec double hausse à lamelles, à charnière et à cran, placés sur le tonnerre ou sur la capucine.

TRANSFORMATION bis 1857.

FUSIL MOD. 1816 ET 1822.
FUSIL DE DRAGON, MOD. 1829.
MOUSQUETON DE GENDARMERIE, MOD. 1825.
MOUSQUETON D'ARTILLERIE MOD. 1829. (Hausse graduée de 200 à 650 mètres à cursive.)
FUSILS DE MARINE, MOD. 1816 et 1822.

TRANSFORMATION 1857.

FUSILS D'INFANTERIE, MOD. 1840, 1842, 1853.
FUSILS DE DRAGON, MOD. 1842, 1842, MOD. 1847, MOD. 1853.
CARABINES, MOD. 1846 ET 1853.
MOUSQUETONS DE GENDARMERIE, MOD. 1842 ET MOD. 1853.
FUSILS DE MARINE, MOD. 1842 ET MOD. 1853.
FUSIL DOUBLE DE MARINE MOD. 1861 (m. 890). (Gendarmes sénégalais.)
HT 1.030^{mm}.
Ce fusil est la transformation du fusil de voltigeur corse mod. 1850 avec canon rayé en acier fondu et épée-bayonnette fixée par une directrice et un tenon. (*Voir article spécial.*)

NOTA. — Il n'y eut pas de transformation des mousquetons de cavalerie.

D. Cartouches des armes des systèmes 1854 et 1857.

La cartouche des armes précédemment décrites consiste en une charge de 4 gr. 50. Les balles sont : 1° la balle de la Garde mod. 1854, ogivale à méplat et à gorge et à évidement tronco-nique, de 36 grammes ; 2° la balle mod. 1857 de 32 grammes avec évidement à base pyramidale triangulaire ; 3° la balle mod. 1863 de 36 grammes à évidement à base pyramidale qua-drangulaire.

La carabine de chasseurs mod. 1859, qui servit également à l'armement des zouaves, tirait une balle de 48 grammes avec une charge de 5 gr. 25.

E. Mousqueton ou fusil-lance des Cent-Gardes
Mousqueton Chassepot

Le mousqueton des Cent-Gardes, qui fut en service de 1854 à 1870, doit être considéré comme le premier essai de réduction du calibre et du chargement par la culasse. Il est dû au général Treuille de Beaulieu, alors capitaine d'artillerie, qui, un des premiers en France, préconisa ces deux principes. En outre de ces deux conditions, son mousqueton, d'après la demande de l'Empereur, devait avoir un chargement presque automatique sans fermeture de culasse et servir de lance.

Comme toutes les armes bâtardes, le fusil-lance ne pouvait réaliser qu'imparfaitement toutes les conditions imposées. Comme arme d'hast, il était défectueux. On peut lui reprocher aussi l'emploi d'une cartouche à broche dangereuse dans les approvi-sionnements. Mais le modèle Treuille de Beaulieu est particuliè-rement intéressant au point de vue balistique et mécanique. En 1852, le capitaine Treuille de Beaulieu avait présenté à la Commission de Vincennes un mousqueton à canon brisé (n. 920) tirant la cartouche ordinaire et nécessitant l'emploi d'une amorce. Devant le Prince-Président il s'engagea à établir une arme réali-sant toutes les conditions ci-dessus indiquées et supérieure comme pénétration à toutes les armes en service. Ces études le conduisirent à l'établissement du fusil-lance de dragon devenu le

mousqueton des Cent-Gardes (m. 908 et m. 1103). Les essais
faits sur des cuirasses furent concluants, comparativement même
au fusil de rempart, bien que la balle ne pesât que 11 grammes
et la charge 2 grammes.

Il existe plusieurs modèles différant par la longueur du canon,
la disposition plate ou concave de la plaque de couche, le mode
d'ajustage du sabre et celui de l'armé qui, dans certains, se fait
en dessus à l'aide d'une sorte de crête de chien qui se relève pour
porter l'arme au bras. Le seul modèle mis en service fut celui
des Cent-Gardes.

MOUSQUETON DES CENT-GARDES MOD. 1854 MODIF. 1856 (établi à
    Châtellerault). (Platine pl. I). (m. 1103).
HT 1.170^{mm}.

Canon de 0^m,823 ; calibre de 9^{mm},5. Quatre rayures au pas de
0^{mm},75, à profondeur progressive de 0^{mm},4 à 0^{mm},2. Guidon à
embase longue portant le numéro matricule reproduit sur la joue
gauche. Garnitures en laiton ; battant de sousgarde ; embou-
choirs à deux bandes portant battant et le tenon, en acier à cré-
maillère du sabre. Plaque de couche concave. Hausse à pied et à
planchette mobile graduée sur le côté avec curseur.

SABRE-LANCE.

Lame droite à deux pans creux, le dos plat à arêtes vives,
terminée par un double biseau ; garde sans branches percée de
deux fentes à la partie postérieure légèrement rabattue, et d'un
trou aux bords renforcés et garnis d'un collet d'acier pour permettre le passage du canon à l'antérieure ; ressort de poussoir
logé dans la poignée, poussoir carré ; poignée en buffle à cordons
sans filigrane. Fourreau de cavalerie de réserve mod. 1844.

La longueur primitive de la lame a été réduite de 1 mètre à
0^m,865 sous l'Empire et non postérieurement.

MOUSQUETON CHASSEPOT (m. 1033) et (m. 1042).

Le fusil-lance a donné lieu à l'établissement de nombre
d'armes d'essai présentées particulièrement par M. Gastinne-
Renette, avec canon tournant autour d'un axe longitudinal, et
par le contrôleur d'armes Chassepot.

Le mousqueton Chassepot pourvu du sabre de Cent-Gardes a
été mis en essai en 1858 et 1859 aux dragons de la Garde, au
1er carabiniers et au 3e hussards. Il se chargeait par la culasse

avec platine indépendante. Dans une boîte de culasse vissée au canon, un bloc surmonté d'une rondelle obturatrice en caoutchouc et d'un crève-cartouche se manœuvrant à l'aide d'un levier se rabattant à charnière. Le calibre était de 11 millimètres et la cartouche en papier.

Cette arme, d'après les rapports des trois commissions de régiment, déposés aux Archives de l'Artillerie, donna d'assez bons résultats. Sa justesse parut remarquable et les rondelles obturatrices fonctionnèrent généralement bien. Mais des enrayages fréquents dus au peu de solidité des cartouches lui furent reprochés. Le mécanisme manquait aussi de solidité.

Il fut établi des armes de ce modèle munies d'un obturateur du système Dreyse, mais à titre d'essai seulement.

ARTICLE VI

De 1866 à 1874

Jusqu'au moment où la Prusse stupéfia l'Europe par ses victoires, qui parurent menacer directement la France, l'introduction dans l'armement général de l'infanterie, d'une arme se chargeant par la culasse et comportant l'emploi d'une hausse graduée, sembla dans les hautes sphères militaires le projet de quelques rêveurs. A une époque cependant de long service militaire, on sembla redouter de mettre entre les mains du soldat une arme perfectionnée.

« En 1826, on refusait au soldat l'intelligence nécessaire pour prendre la capsule et la placer sur la cheminée, écrivait à ce sujet le lieutenant Girard. En 1862, on redoute les soldats peu aguerris, et, jusqu'en 1866, on pose ainsi en principe que l'intelligence du soldat de France est inférieure à celle du soldat prussien. Qui juge donc ainsi ? Ce sont des Commissions dont les membres n'ont que très peu et même jamais vécu avec les troupes ou en ont depuis longtemps perdu l'habitude. A tort ou à raison, mais le fait existe : une impopularité exceptionnelle est attachée à l'École de tir et à la Commission de Vincennes. »

Le lieutenant Girard paraît empreint d'une bien grande amertume pour ceux qui avaient la charge d'établir un nouvel armement. On ne saurait oublier qu'en 1866, lorsque l'adoption d'un nouvel armement s'imposa, l'École de tir était entrée franchement dans la voie de la réduction du calibre.

Le chargement par la culasse n'était pas envisagé de même. La lenteur du chargement, nous l'avons vu, passait pour une quotité négligeable, voire même fort peu désirable. Aux yeux des spécialistes, ce ne paraissait être qu'une solution heureuse du problème du forcement, en même temps qu'une facilité pour le tir. Le mousqueton Chassepot, mis en expérience en 1858 et en 1859 aux dragons de l'impératrice, au 1er carabiniers et au 3e hussards, possédait l'ancienne platine indépendante du verrou.

La question du chargement par la culasse était cependant aussi ancienne que l'invention des armes à feu. Une visite au Musée d'Artillerie suffirait à nous en convaincre.

Dans l'ordre chronologique, sans parler des armes antérieures au xviii° siècle, nous trouvons les carabines brisées, le fusil à la Montalembert, à la Chaumette (1), tous décrits en 1806 par Cotty, puis de 1805 à 1860, et je ne cite que les modèles les plus intéressants, les fusils Bourdin (1806 m. 904), le mousqueton Laracheé (m. 910), le mousqueton à canon brisé (système Lepage, m. 911 et m. 912), la carabine Gastinne-Renette (m. 916), le fusil Brancel, célèbre surtout par sa cartouche, le mousqueton Treuille de Beaulieu à canon brisé (1852, m. 926).

Je citerai encore les numéros m. 860 et m. 870 du Musée d'Artillerie, mousquetons se chargeant par la culasse établis en 1830 à Charleville sur le mode de chargement des fusils de rempart modèle 1831, les fusils Robert à tonnerre mobile... Toutes ces armes sont de mécanisme plus ou moins ingénieux, plus ou moins propres à la guerre. N'importe, le problème s'imposait.

La Commission de Vincennes, qui fonctionna plus de dix ans avant 1866, était aussi hostile, d'après le colonel d'artillerie en retraite M. M..., qui a bien voulu me fournir les renseignements sur les expériences de 1866, au chargement par la culasse qu'au calibre réduit. En 1862, dans un rapport, elle émettait cette conclusion *qu'il fallait, pour une arme se chargeant par la bouche, ne pas descendre au-dessous du calibre de 15,5, mais que pour l'arme se chargeant par la culasse on pouvait hésiter entre 13,5, calibre du projet Chassepot, essayé en 1858, et 12^{mm}, calibre du fusil Manceaux-Viellard, expérimenté à la même époque.*

En 1852, le capitaine Treuille de Beaulieu était cependant entré résolument dans la voie de la réduction en proposant à l'Empereur un mousqueton de 9^{mm} de diamètre. Les essais de

1. C'est par erreur qu'on place parmi ces armes l'amusette du maréchal de Saxe qui, d'après ses rêveries, est un canon léger se chargeant par la bouche.

cette arme avaient été faits à Vincennes, et pour bien démontrer la puissance des petits calibres, il avait demandé et obtenu un tir comparatif contre une cuirasse d'ordonnance comparativement au fusil de rempart mod. 1831 et son mousqueton. Résultat frappant. La balle énorme du fusil de rempart avait seulement laissé une empreinte, tandis que celle du mousqueton l'avait perforée au plus fort de son épaisseur. C'était une leçon de choses dont cependant la Commission de Vincennes ne tint aucun compte.

Deux armes, quelques années plus tard, furent présentées à l'examen de la Commission. En voici l'origine :

En 1855, le général d'artillerie Arcelin avait proposé à la Commission un fusil se chargeant par la culasse. Le modèle en avait été établi à l'atelier de modèles de St-Thomas-d'Aquin, où Chassepot était attaché comme ouvrier armurier. Le calibre choisi était celui de la carabine Lancastre (m. 709) qu'on venait récemment d'expérimenter. L'obturation était obtenue au moyen de deux coins s'emboîtant; l'amorce séparée de la cartouche; la balle et la poudre étaient réunies par une enveloppe de papier mince.

Les résultats furent médiocres ; l'obturation défectueuse. Le contrôleur d'armes Chassepot, qui avait travaillé au mousqueton Arcelin, s'attacha à corriger ses défauts. C'est ainsi qu'il établit en 1858 le mousqueton qui fut mis en essai aux dragons de l'impératrice, au 1ᵉʳ carabiniers et au 3ᵉ hussards, dans lequel l'obturation était obtenue par l'aplatissement d'une rondelle de caoutchouc.

En même temps, MM. Manceaux et Viellard proposaient une carabine de leur invention qui fut, sur ordre de l'Empereur, mise en expérience. Le Chassepot était de 13ᵐᵐ5 de calibre. Celui de la carabine Manceaux-Viellard de 12ᵐᵐ. La balle pesait 30 gr. La charge était de 5 grammes et l'obturation était obtenue au moyen d'une virole tronconique dans laquelle pénétrait une lame d'acier qui la dilatait et la forçait à s'appuyer sur les parois de la chambre.

Dans les deux armes, la mise de feu était indépendante. Les résultats obtenus avec les deux armes furent assez satisfaisants, si l'on en juge d'après les rapports des trois régiments sur le mousqueton Chassepot (Archives de l'Artillerie), pour le Chassepot. Ils le furent moins pour le système Manceaux-Viellard, qui ne fut pas de ceux que retint la Commission en 1866.

En 1863, afin de trancher définitivement la question du mode de chargement, le Ministre de la Guerre demanda au Comité d'artillerie de choisir les types d'armes à mettre en comparaison. L'avis émis fut le suivant :

I. — Types choisis, se chargeant par la bouche :

1° Le fusil suisse du calibre de 10^{mm},4 (m. 1480) ;
2° Le fusil néerlandais du calibre de 12^{mm},6 (m. 1435).

II. — Types choisis, se chargeant par la culasse :

1° Le fusil Chassepot de 12 millimètres.
2° Le fusil des Cent-Gardes du calibre de 10 millimètres.

La Commission de Vincennes fut chargée des expériences sur les types d'armes se chargeant par la bouche. Son rapport déposé au mois de décembre 1864 *fut que le calibre de 10^{mm},4 paraissait trop petit pour pouvoir utiliser dans les meilleures conditions possibles une balle de 25 à 28 grammes qui lui semblait répondre à toutes les exigences et qu'on trouverait probablement la solution de la question dans un fusil du calibre de 11^{mm},5.*

La Commission demandait, en conséquence, qu'une arme nouvelle fût établie dans ces conditions. Achevé au mois de mars 1865, le fusil de la Commission de Vincennes (m. 891) et livré à cette époque, donna des résultats très satisfaisants.

De son côté, Treuille de Beaulieu, avait été chargé de réaliser le fusil de 10 millimètres du type des Cent-Gardes, mais au lieu du calibre de 10 millimètres, ce fut celui de 9 millimètres qu'il présenta. Il avait des pièces détachées provenant de ses études antérieures et en quelques jours il put établir l'arme qui lui était demandée. A la connaissance du colonel M. M..... elle ne fut jamais tirée.

En présence des résultats satisfaisants donnés par le fusil de 11^{mm},5 de la Commission de Vincennes, on décida, sans chercher davantage, que les données de cette arme seraient appliquées à un fusil se chargeant par la culasse. Les deux armes devaient tirer la même balle. Mais comme avec un fusil se chargeant par la culasse, le forcement ne peut se produire que si le calibre du canon est inférieur au diamètre de la balle, ce fut ainsi qu'on fut amené à réduire à 11 millimètres le calibre du fusil Chassepot.

Les idées cependant n'étaient pas absolument fixées à ce sujet. Tout en mettant en œuvre un fusil de 11 millimètres, on décidait d'établir un fusil de 11^{mm},5 et du même mécanisme. Les deux modèles furent exécutés à l'atelier d'études de Saint-Thomas-d'Aquin, sous la direction du capitaine de Maldan ; finalement il ne restait du modèle primitivement proposé par Chassepot que la rondelle obturatrice.

Le mécanisme de culasse fut établi dans des conditions analogues à celles du fusil Dreyse, mais en en évitant les défauts. On sait que dans cette arme l'aiguille doit traverser la charge entière avant de rencontrer l'amorce fulminante et qu'il faut lui donner une longueur anormale, ce qui amène de fréquentes ruptures. Pour éviter cet inconvénient on décida de placer l'amorce à l'arrière, ce qui avait aussi ses inconvénients, en amenant des difficultés d'introduction et même des départs prématurés.

Au mois de septembre 1865 les nouvelles armes étaient prêtes et la Commission de Vincennes fut alors chargée d'exécuter des tirs comparatifs avec :

1° le fusil à aiguille prussien ; 2° le fusil d'infanterie mod. 1842 ; 3° la carabine de chasseurs ; 4° le fusil Westley-Richard ; 5° le fusil à aiguille de 11 millimètres ; 6° le fusil à aiguille de $11^{mm},5$; 7° le fusil Whitworth ; 8° le fusil de $11^{mm},5$ se chargeant par la bouche.

La Commission adressa son rapport le 25 février 1866 et proposa dans le cas où l'on se *déciderait pour le chargement par la bouche, d'accepter le fusil dont elle était l'auteur*.

L'opinion publique devait en décider autrement. A la fin du mois de mars la Prusse commençait ses préparatifs de guerre contre l'Autriche, son alliée de la veille, et signait, le 6 avril, avec l'Italie un traité d'alliance offensive et défensive. Le 3 mai elle commençait sa mobilisation.

Il y eut alors en France une sorte d'affolement et sous la pression des événements il fallut hâter la solution depuis si longtemps en suspens. La mise en essai en grand du fusil à aiguille établi par l'atelier des modèles fut décidée. L'étude aurait cependant eu besoin d'en être complétée ; déjà on pouvait redouter les inconvénients de la cartouche. Au mois d'avril 1866 le capitaine d'artillerie Plumerel proposa, pour remédier à ces défauts, un étui plus résistant qui ne devait ni être brûlé, ni expulsé, mais retiré au moyen d'une cartouche de forme spéciale en forme de cuiller adapté sur le mécanisme de culasse. Cette proposition fut acceptée à l'étude et appliquée au fusil de $11^{mm},5$ (m. 1109).

400 armes à aiguille du calibre de 11 millimètres, 100 de

11ᵐᵐ,5 avec la modification Plumerel, 100 du calibre de 11ᵐᵐ,5 se chargeant par la bouche, furent commandées d'urgence. Un certain nombre étaient prêtes en juillet, et sans attendre l'entier achèvement de la commande, elles furent dirigées sur le camp de Châlons pour être soumises à des expériences sous la direction d'une Commission supérieure nommée par décision ministérielle du 11 juillet 1866.

Au dernier moment une arme établie en dehors des précédentes par le général Favé, officier d'ordonnance de l'Empereur, leur fut adjointe.

La Commission eut à sa disposition :

322 fusils à aiguille, dits Chassepots ; 70 fusils à aiguille Chassepot ; 100 fusils se chargeant par la bouche ; 6 fusils Favé, ces derniers exécutés à Meudon, à l'atelier d'essai de l'Empereur.

Quelques détails sur cette arme ne sont pas inutiles. Son calibre était de 10ᵐᵐ,5, elle se chargeait par la culasse ; la cartouche à culot métallique portait son amorce et était expulsée automatiquement. Elle se présentait dans d'excellentes conditions, mais deux accidents survenus dès le début, par suite de défauts dans la fabrication de la cartouche, le firent retirer par son inventeur. Deux amorces insuffisamment enfoncées dans leur logement et faisant saillie sur le culot avaient donné lieu à des départs prématurés.

La Commission commença ses essais le 6 août et le rapport était établi le 30 août. Il concluait à l'adoption du fusil à aiguille de 11 millimètres. L'Empereur en approuvait bientôt la conclusion et décidait que le fusil s'appellerait « fusil mod. 1866 ».

Ce fut ainsi qu'en quelques jours d'essai fut tranchée une question aussi grave.

En ce qui concerne le calibre on peut dire que la théorie n'intervint pas dans son adoption, et cependant, après l'adoption, des calculs savants démontrèrent que le calibre de 11 millimètres était le meilleur que l'on pût adopter.

Quel rôle avait joué dans tout cela Treuille de Beaulieu qui, pourtant, depuis 1852 avait eu de fréquents entretiens avec l'Empereur et qui lui avait préconisé le calibre de 9 millimètres.

« Votre arme, lui avait répondu Napoléon III, ne sera qu'un joujou, une arme de salon et jamais une arme de guerre. » — Mon arme, avait répondu l'inventeur, sera plus puissante que toutes celles actuellement en service, et, si je la réalise, elle deviendra le germe du futur fusil d'infanterie. »

L'expérience a donné raison à cette prédiction ; comment d'ailleurs, autrement que par la réduction du calibre, obtenir vitesse initiale et portée.

Je n'entrerai pas, à ce sujet, dans la discussion des formules mathématiques, très simples d'ailleurs. La rasance de la trajectoire ne semble pas avoir été en 1866 considérée comme une question d'importance primordiale. Mais l'expérience de la carabine de chasseurs à pied était un argument trop puissant contre le maintien des gros calibres pour qu'il pût passer inaperçu.

On voit quelles influences déterminèrent l'établissement du fusil 1866 et empêchèrent de procéder à de plus sérieuses études. A vrai dire le principe de la cartouche combustible était des plus séduisants. D'une part il permettait de faire partir plus de cartouches aux hommes, de l'autre la fabrication d'étuis métalliques semblait impossible, en raison de l'outillage de notre industrie.

Pouvait-on, d'ailleurs, penser à l'importance prédominante qu'allait prendre dans les guerres l'emploi du feu de l'infanterie ? Le pis est que ce fusil fut mal étudié, fort mal connu de ceux qui eurent à s'en servir, pas du tout même de certains, aussi bien dans la troupe que dans les états-majors et que, de ce fait, la supériorité qu'il eût dû assurer à l'armée française fut perdue, tant il est vrai qu'une armée ne saurait jamais trop connaître l'arme qu'elle possède et que l'outil ne vaut que par l'ouvrier.

J'aurai l'occasion dans l'article suivant de revenir sur les défectuosités du fusil Chassepot. La fabrication en fut hâtée dans les manufactures impériales de Châtellerault, Mutzig, Saint-Étienne et Tulle. Il fut même fait appel à l'industrie privée, et nombre de ces fusils portent les marques de série U, V, signes de la manufacture Cahen-Lyon. Quoique rapide, la fabrication fut satisfaisante, et l'acier fondu, employé pour la première fois à la fabrication du canon, répondit à toutes les espérances. En 1870, toute l'infanterie et toute la cavalerie étaient pourvues du nouveau fusil. Le mousqueton d'artillerie ne fut exécuté qu'au cours de la campagne.

L'armement ancien, fusils d'infanterie mod. 1857, de dragon mod. 1857, carabine mod. 1859, fut appelé à former un armement de réserve sous la dénomination de *système 1867*, connu plutôt sous le nom de fusil *à tabatière*. Ces armes, très sensiblement égales au fusil allemand, firent aussi la campagne de 1870-1871 et ne semblent pas avoir inspiré, à un soldat démoralisé d'avance, une grande confiance. La transformation en était cependant ingénieuse et bien comprise pour un armement de seconde ligne.

Les systèmes 1866 et 1867 sont trop connus pour mériter une description détaillée, et je me bornerai à une simple nomenclature, en renvoyant, pour plus amples détails, aux aide-mémoires.

Système 1866

Fusil d'infanterie mod. 1866;
Carabine de cavalerie mod. 1866;
Carabine de gendarmerie mod. 1866;
Mousqueton d'artillerie mod. 1866.

Système 1867 (transformation du système 1857)

Fusil d'infanterie mod. 1867, hausse mobile à trois crans pour les distances de 200, 400 et 600 mètres;
Fusil de dragon mod. 1867;
Carabine mod. 1867.

Poids de la balle, 36 grammes; de la charge, 4 gr. 50; de la carabine, 14 gr. 5 et 5 gr. 50.

Culasse mobile dite *à tabatière*, types n° 1 et n° 2; le premier consistant en un bloc d'acier, glissant, suivant un axe et portant le percuteur et son ressort à boudin; vis-arrêtoir de percuteur et d'axe de bloc; bouton-arrêt, etc..... Dans le type n° 2, les vis-arrêtoir de percuteur et d'axe du bloc, ainsi que le bouton-arrêt, sont remplacés par un bouton en forme de e fixé dans le bloc et appelé fermoir (disposition imaginée par le capitaine d'artillerie Queillé).

Nota. — Des armes des systèmes 1866 et 1867 ont été établies en 1870-1871 par l'industrie privée française et étrangère. Elles sont reconnaissables soit à leurs marques, soit à l'absence de marque. Le bloc dit *tabatière* des armes du système 1867, établies ainsi, est quelquefois en bronze.

RENSEIGNEMENTS COMPLÉMENTAIRES SUR LES ARMES D'ESSAI

CARABINE MANCEAUX-VIEILLARD (m. 1037).

Fermeture à verrou : cuvette tronconique, obturateur conique surmonté d'un crève-cartouche. Un levier fixé à charnière au verrou se relève verticalement et permet de retirer le verrou en arrière et à gauche.

Platine à percussion. Calibre de 12^{mm}.

Quelques-unes de ces armes furent mises en essai pendant la campagne du Mexique ; d'autres furent utilisées pendant le siège de Paris.

CARABINE CHASSEPOT. (*Voir article précédent : Le fusil-lance.*)

FUSIL FAVÉ (m. 1059).

Aspect extérieur du fusil Dreyse. La fermeture est obtenue à l'aide d'une vis à filets interrompus et l'obturation par le culot métallique d'une cartouche en carton.

Épée-bayonnette spéciale d'une seule pièce. (*Voir article spécial : Le fusil arme d'hast.*)

FUSILS SUISSE, NÉERLANDAIS, *à percussion* (m. 1486 et 1425). CARABINE WHITWORTH (m. 1174). Fusil Lancastre (m. 799). CARABINE WESTLEY-RICHARD (m. 1007).

FUSIL DE LA COMMISSION DE VINCENNES (m. 897).

Dispositions générales de la carabine de chasseurs ; calibre de 11^{mm},5 ; hausse à curseur graduée jusqu'à 1,000 mètres.

Sabre-bayonnette spécial. (*Voir article spécial.*)

ARTICLE VII

De 1870 à 1886

Comme en 1792, la France devant l'invasion allemande dut faire appel à un armement d'occasion. Non seulement il fut fabriqué à Paris, en province et à l'étranger, en Angleterre, Amérique et Italie, des fusils du mod. 1866, reconnaissables facilement à ce qu'ils sont hors série et ne portent pas les marques réglementaires, il fut transformé nombre d'anciens fusils au système 1867, mais il fut acheté nombre de modèles étrangers de valeur très différente qui constituèrent l'armement de corps francs ou des gardes nationaux mobilisés.

Ce furent des armes à percussion se chargeant par la bouche, des systèmes Springfield et Enfield ; des armes transformées se chargeant par la culasse telles que le fusil Snyder, les fusils Springfield calibre 50 et calibre 58 transformés Remington, et des armes neuves, Remington égyptien, mousqueton Remington, mousqueton Spencer, mousqueton Scharps, fusil Peabody, etc. Enfin, des armes à répétition qui avaient été expérimentées à Vincennes à la veille de la campagne, le fusil et la carabine Winchester.

La monographie ne décrira pas ces armes qui, par la diversité des munitions, ne constituent qu'un armement d'occasion et ne les cite qu'à titre anecdotique. Les grandes batailles de 1870, furent livrées avec le fusil mod. 1866, et il est intéressant surtout de savoir comment l'arme française avait supporté l'épreuve d'une terrible campagne. Fidèle à la règle que je me suis imposée, je ferai appel au jugement d'un comtemporain, le lieutenant Girard (1).

1. *Le fusil Chassepot*, par A. Girard, lieutenant au 91ᵉ de ligne. 1872. Paris, chez Amyot, 8, rue de la Paix.

Au point de vue balistique, l'arme était parfaite, très supérieure au fusil allemand, assurant par là un avantage tactique dont l'armée française ne sut pas tirer tout le parti possible. En était-il de même, au point de vue de son service en campagne?

« Cinq cents armes (et encore le lieutenant Girard exagère-t-il un peu) furent distribuées dans la Garde. Des expériences furent faites, jugées suffisantes, et le Chassepot fut adopté. »

« Tel qu'il fut en 1866, tel nous l'avons eu pour faire la guerre de 1870. Cependant, pour être juste, disons que dans la cartouche, la graisse, au lieu de se trouver comme en 1866 à la base de la cartouche, se trouva à la base de la balle. C'est la seule et unique amélioration.

« Plus tard, le Danemark changeait son armement. Profitant d'études faites en Autriche, sous la direction de l'archiduc Albert, le vainqueur de Custozza, il fit encore de longues et sérieuses expériences avec 10.000 armes du système Remington avant de les adopter. »

L'expérience de la guerre mit en évidence les défauts que trop de précipitation n'avait pas permis d'apercevoir. De ceux-ci les plus graves étaient, et déjà en 1866 l'invention Plumerel avait tenté d'y remédier, l'encrassement du mécanisme par suite de l'obturation défectueuse qu'accomplissait la rondelle de caoutchouc de l'amorce et surtout l'encrassement du canon :

« Dans les batailles, dit le lieutenant Girard, on a pu voir des hommes qui, ne pouvant plus cracher pour délayer en quelque sorte la crasse formée dans la boîte de culasse, étaient obligés d'uriner dans celle-ci. »

« En outre, le tireur (et la chose est grave, car il importe que l'homme ne se défie point de son arme) peut être victime de deux sortes d'accidents de la part du mécanisme. Il arrive que pendant le tir le T se casse et que le chien, projeté en arrière par les gaz qui pénètrent à chaque coup dans le mécanisme, vient frapper fortement le tireur à la tête. Le second accident est produit par l'explosion soudaine de la cartouche, alors que le tireur tient encore en main le levier ; explosion déterminée par l'aiguille brisée dont une partie dépasse la tranche antérieure du dard... Ces deux accidents ne se reproduisent pas très souvent, mais ils se produisent néanmoins. »

Les autres reproches faits au fusil Chassepot sont de moindre importance, car ils sont facilement corrigeables, ce sont, par exemple, le défaut de bronzage du canon, l'ininterchangeabilité du

sabre-bayonnette et le sabre lui-même. Mais un plus grave résulte
de « la dérivation qui, déjà trop sensible à 600 mètres, augmente
de telle façon qu'à partir de 700 mètres le tir devient incertain.
On sait bien que pour atteindre le but on vise à côté, mais est-
ce un tir sérieux, quand la puissanse balistique du fusil est encore si loin d'avoir atteint ses limites. »

« Pendant le blocus de Metz, M. Müller, lieutenant d'infanterie, avait
inventé une hausse corrigeant la dérivation. Par ordre du maréchal
Canrobert, les officiers des compagnies de partisans et les officiers de
tir des troupes du 6ᵉ corps furent réunis chez le général commandant
la 3ᵉ division du 6ᵉ corps, pour apprendre à se servir de cette hausse.
M. Müller, après en avoir expliqué le mécanisme, raconte qu'aux
avant-postes de la Maison-Rouge, en face de Frascaty, devant des
généraux et officiers de grades divers, il avait tiré avec cette hausse
sur des troupes prussiennes faisant l'exercice sur un emplacement dont
la distance, déterminée rigoureusement sur la carte, approchait de
2,000 mètres. Il tira plusieurs balles, et l'effet constaté immédiatement
à l'aide de lunettes fut tel que les Prussiens quittèrent le terrain et
que les voitures d'ambulance vinrent chercher les blessés. »

La seconde partie du travail du lieutenant Girard s'adressa à
ceux qui eurent à se servir du fusil Chassepot. Les inconvénients
du fusil étaient connus avant l'entrée en campagne. « Dans un régiment de ligne, l'officier de tir d'un bataillon déclara à qui vou-
lait l'entendre, alors que personne ne songeait à la guerre, que
les inconvénients de l'arme étaient tels que beaucoup seraient
hors de service peu après le commencement du feu. Il fut traité
d'exagération. Après les grandes batailles de Metz, les survivants
rendirent cette justice à l'officier qui ne demandait qu'à se trom-
per, que les événements avaient dépassé ses sinistres prévi-
sions. »

« En outre, comment était dirigée l'instruction du tir?... Que de
corps où l'appréciation sur l'estimation des distances était regardée
comme superflue et partant n'était pas faite. »

D'après le colonel allemand Borbstaedt (Der deustch-französis-
che Krieg) :

« Pendant qu'on apprend aux fantassins allemands à ne pas tirer
plus loin et plus souvent que l'efficacité probable le demande, les

officiers français paraissent être d'une opinion contraire, celle de faire
ouvrir le feu à des distances telles qu'il ne peut être question que du
hasard et non de l'excellence du tir. »

On pourrait objecter l'exemple de la défense de Plewna, mais
les conditions sont bien différentes entre la guerre de siège et
celle de campagne. Je ne suivrai pas le lieutenant Girard dans
des considérations tactiques et d'instruction qui ne sont pas de
cette étude. Encore une fois, le proverbe est vrai, il n'y a pas de
mauvais outil. ... Il serait plus vrai encore il n'y a pas de bon
outil sans bon ouvrier. Quand le fusil 1866 fut employé ration-
nellement, il *fit merveille* comme à Montana. La garde royale
prussienne et le 12ᵉ corps Saxons furent exterminés au débou-
ché de Sainte-Marie-aux-Chênes. Le lieutenant Girard en rappelle
l'exemple qui est à méditer. Mais quand, la ligne française a re-
poussée en arrière de Saint-Privat à la nuit, les officiers durent
se rendre compte des munitions et des fusils pour un dernier
effort, les hommes présentèrent, les uns leurs cartouchières vides,
les autres leurs armes hors de service! »

Les leçons de la guerre de 1870-71 ont profité à l'armée
française, sinon à la nation elle-même pour qui le temps guérit
trop vite les blessures, comme celles d'Iéna profitèrent à la
Prusse. Les plus aveugles furent bien obligés de convenir que
désormais l'arme de l'infanterie était non la bayonnette, arme
d'hast, mais le fusil arme de jet.

Comment la question de l'armement se posa-t-elle après nos
désastres? Les finances de la nation, d'une part, étaient épuisées.
L'intérêt de la défense exigeait de l'autre que la France ne pût
être surprise en flagrant délit de transformation d'armement, et
la modification du Chassepot dont les conditions balistiques
avaient été plus que satisfaisantes s'imposait par l'adoption
d'une cartouche à étui métallique. Les progrès de l'outillage
industriel le permettaient.

L'idée d'une cartouche combustible était définitivement con-
damnée. Le fusil mod. 1866 fut et sera le dernier type d'une
arme de ce genre, peut-être regrettable dans des campagnes
coloniales, car l'idée de la cartouche combustible fut peut-être
de plus grande envergure qu'on ne le pense. Du plomb, de la
poudre et des amorces, un peu de toile, voilà la cartouche faite.
Peut-on en dire autant de la cartouche métallique? Que serait un
explorateur au milieu de l'Afrique avec un fusil mod. 1874 et

vis-à-vis d'un tonneau de poudre. A peu près Robinson Crusoë
quand il trouva des guinées dans les épaves où il cherchait seulement une paire de souliers.

N'importe! l'adoption de la cartouche métallique s'imposait
en 1872, pour corriger des défauts d'encrassement auxquels
aucun autre remède n'eut pu exciter. Le général Gras (1) à qui
revint la charge et de transformer l'armement ancien et de pré-
parer sur les données balistiques du fusil mod. 1866, un modèle
nouveau, fut à la hauteur de sa tâche. La culasse mobile du fusil
1874 non seulement supprima un temps de la charge, mais
transforma radicalement la culasse 1866, au point de vue de ses
défauts de solidité. L'extracteur fut une merveilleuse trouvaille;
on s'en aperçut plus tard. L'ajustage à libre frottement de la
tête mobile en fut une autre. Tous ceux qui se sont servi du
fusil 1874 ont connu sa robustesse de mécanisme et d'autre part
l'étranger qui avait profité de nos études ne sut pas établir de
fusil sensiblement supérieur à l'arme de 1870 transformée
1866-74 ou établie neuve d'après les expériences de la guerre.

L'adoption du modèle 1874 marquait une étape dans l'armement de la France. Mais il semble que comme le canon, le fusil
d'infanterie n'ait pas de limite à ses perfectionnements.

Déjà, en 1872, la question des armes à répétition se posait.
En 1870 la carabine Winchester avait été expérimentée à Vincennes.

« Aujourd'hui, écrit le lieutenant Girard, on traite avec une sorte
de dédain les armes dites à répétition; le principe en lui-même n'a
rien de repoussant, et parce que les systèmes proposés jusqu'à ce jour
n'ont pas présenté toutes les conditions requises pour une arme de
guerre, il ne faudrait pas cependant ne pas en étudier et rechercher
le meilleur mode d'application, au moins pour les artilleurs et les
cavaliers dans une certaine mesure.

« Nous oublions trop vite que le fusil se chargeant par la culasse a
été longtemps repoussé chez nous. »

Aux artilleurs et aux cavaliers, le lieutenant Girard eût pu
ajouter les marins qui se trouvent dans des conditions bien différentes en apparence, analogues en réalité, car chez eux les difficultés d'entretien et de ravitaillement sont absolument suppri-
mées et permettent de ne considérer que l'intérêt de la rapidité
du tir.

1. La transformation Gras fut alors préférée à une transformation du
système de Beaumont adoptée par la Hollande.

Pour eux fut adopté le fusil mod. 1878, le Kropatchew, fabriqué à Steyer, car nos manufactures n'étaient pas encore outillées pour l'établissement d'un modèle de ce genre. Le fusil mod. 1878, pouvait convenir au service spécial pour lequel il avait été établi. Pour la guerre il était trop lourd.

Je n'ai pas à retracer le rôle de l'École Normale de Tir du camp de Châlons, comment on fut amené à penser à une nouvelle réduction du calibre, quels furent les résultats donnés par deux modèles de transformation, les uns mis en service *le 74-85* et *le 84*, parmi beaucoup d'autres, quel fut le rôle d'un ministre de la Guerre qui sombra depuis dans les orages politiques, comment l'outillage de nos manufactures fut complété. Ceux qui étaient dans le rang à cette époque s'en souviennent. Je n'ai pas non plus à parler du modèle actuel, de ce qu'il peut donner, de ce qu'il a donné.

Mais ce que je peux dire, c'est que jamais arme ne fut étudiée comme le fusil mod. 1886, que l'infanterie de l'École Normale contrôlée par la Commission d'Artillerie de Versailles fut au-dessus de sa tâche, que le fusil 1886, établi il y a dix-huit ans et plus, n'est pas inférieur à ceux que toutes les nations qui ont profité de nos études, comme elles ont profité de celles faites en 1886 et de l'expérience de 1870, ont établis jusqu'ici.

Ce que je peux dire aussi, c'est qu'en 1885 on pensait plutôt aux conditions balistiques qu'au mécanisme à répétition. Est-ce un tort? Un bon tireur peut placer à 300 mètres dans une cible de 2 mètres sur 2 mètres, vingt-cinq balles en deux minutes, et à tous ceux qui discourent sur la question, il manque l'expérience de la guerre. C'est encore une fois le cas de dire : « il n'y a pas de mauvais outils, il n'y a que de bons ouvriers » et l'instruction du tireur, les qualités du Commandement, le sang-froid de ceux qui dirigent et exécutent le feu ne vaudront-ils pas cent fois mieux que le meilleur des mécanismes?

Que sera le fusil de l'avenir? Certes, l'idéal serait une arme à magasin inépuisable, à trajectoire toujours tendue. Sa réalisation est-elle possible en raison des difficultés du ravitaillement?

La mitrailleuse ne sera jamais qu'une arme d'occasion, bonne dans les places, dans la guerre de montagne ; l'introduction des chevaux dans les colonnes d'infanterie est dangereuse et la plus belle unité tactique sera toujours le groupe d'une centaine de soldats armés du meilleur fusil possible, rompus à son mécanisme, à ses règles de tir, commandés par un chef énergique.

Systèmes de 1874 à 1886

1° Système 1866-1874

Transformation du fusil mod. 1866 par l'adoption de la cartouche 1874 à douille métallique, de la culasse 1874 et le tubage du canon.

Fusil mod. 1866-1874. — Épée-bayonnette mod. 1874.

Carabine mod. 1866-1874. — Bayonnette de gendarmerie.

Carabine de gendarmerie mod. 1866-1874.

Mousqueton mod. 1866-1874.

Nota. — Les sabres-bayonnettes provenant de la transformation ont été dénommés *série Z* et servent à l'armement des hommes non armés du fusil. Une disposition de ce genre a été adoptée en Allemagne.

2° Système 1874

Fusil mod. 1874.

Carabine mod. 1874. — Bayonnette de gendarmerie.

Carabine de gendarmerie mod. 1874.

Mousqueton mod. 1874.

Nota. — Voir pour les renseignements sur la poudre et les munitions, les règlements sur le tir et les aide-mémoires.

3° Armes du système 1874 à répétition

Fusil mod. 1878. — Kropatchew.

Fusil mod. 1883. — Kropatchew français; monture en une seule pièce; bouchon métallique au-dessus du fût.

Fusil mod. 74-85. — Transformation du fusil 1874. Monture en deux pièces; mécanisme du fusil 1886.

Nota. — Le canon de ces fusils est raccourci de 6 centimètres.

4° Système 1886

Fusil mod. 1886. — A magasin dans le fût.

Carabine mod. 1890. — A chargeur.

Carabine de cuirassiers mod. 1890. — Plaque de couche en cuir.

Carabine de gendarmerie mod. 1890.

Mousqueton d'artillerie mod. 1892. — Poignard-bayonnette.

ARTICLE VIII

Le Pistolet

Le pistolet, quels qu'aient été ses perfectionnements, n'est qu'une arme de défense individuelle, ne répondant à aucun but tactique, bien moins que le sabre qui, s'il est une arme d'attaque individuelle, peut être considéré par l'emploi en masse de la cavalerie comme une arme tactique. C'est pourquoi j'ai consacré au pistolet un article spécial, bien que les modèles réglementaires s'en rattachent à des systèmes aussi importants dans cette étude que ceux de 1763, 1777, et an IX, etc., et que le pistolet des armées françaises ait subi les modifications du fusil, dans les grandes étapes que celui-ci a parcourues. La première partie de cet article sera consacrée aux armes réglementaires de troupe, la deuxième à l'arme de luxe et à celles d'officier qui peu à peu se perfectionnèrent par l'emploi de la rayure, de la percussion jusqu'à en arriver au revolver qui, depuis 1873, est entré régulièrement dans l'armement des officiers, qui jusqu'alors s'armèrent à leurs frais et à leur goût, ainsi que dans celui de la troupe. Je ferai remarquer qu'avant 1763 il n'existe pas de pistolet réglementaire, et que les modèles divers antérieurs proviennent de l'initiative des chefs de corps. La réglementation de 1763 est un fait analogue à celle du fusil en 1718. Il est à noter qu'elle ne s'appliqua point à la Maison du Roi.

A. Pistolets réglementaires de troupe.

1° Pistolets a silex.

Le calibre des pistolets réglementaires est celui des fusils, sensiblement réduit quoiqu'ils dussent tirer la même cartouche dont le soldat proportionne lui-même la charge. Cette réduction du calibre permettait d'assurer un certain serrage et l'arme ne servant qu'exceptionnellement, les dangers de l'encrassement n'étaient pas à redouter. Les pistolets de gendarmerie en raison du service spécial de cette arme, furent presque des pistolets de poche et d'un calibre moindre.

PISTOLET DE CAVALERIE, MOD. 1763 (m. 1829). (Ensemble pl. IV).

HT 0,420ᵐᵐ.

Canon rond de 0,230ᵐᵐ (8 pouces, 8 lignes). Calibre de 0,017ᵐᵐ,1 (7 lignes, 7 points). Dispositions générales de mise de feu du système 1763. Bassinet en fer.

Monture très droite; boucles et garnitures en fer; calotte sans anneau; fût très long; embouchoir à deux bandes semblable à celui du fusil et portant guidon.

Baguette en tête de clou; ressort de baguette au canon; pèse 2 livres 4 onces.

NOTA. — Il existe des pistolets de ce modèle avec garnitures et boucle en laiton, qui paraissent être d'un modèle spécial à la marine, non cité dans les aide-mémoires et marqué sur la queue de culasse 1775.

PISTOLET DE GENDARMERIE, MOD. 1763 (m. 1833).

Canon de 0,128ᵐᵐ (4 pouces, 9 lignes). Calibre de 0,015ᵐᵐ,2 (6 lignes, 6 points). Dispositions du modèle précédent avec réduction de 1/3.

PISTOLET DE CAVALERIE, MOD. 1777, A COFFRE DIT A LA MANDRIN (m. 1840), (pl. IV).

HT 0,350ᵐᵐ.

Canon rond de 0,189ᵐᵐ (7 pouces, 5 lignes). Calibre de 0,017ᵐᵐ,1 (7 lignes, 7 points).

Les pièces de la platine sont disposées comme celles des pistolets dits à l'*Écossaise*, et le ressort de la batterie placé sous le bassinet dans le sens inverse de ce qui se pratique dans le modèle an IX. Bassinet en *cuivre*. Le pontet de la sousgarde fixé par deux vis en fer; chien rond à gorge; garnitures en laiton; crochet de ceinture en acier maintenu par une des vis de la platine sur le porte-vis; bride en fer à la poignée; le devant du canon dégarni de bois. Poignée plus courte, et plus courte qu'au modèle 1763.

Baguette d'acier à tête de clou.   (GASSENDI 1809.)

Nota. — D'après cette description, le crochet de ceinture appartient au type primitif, a été supprimé et non ajouté pour le service de la marine.

PISTOLET DE CAVALERIE, MOD. AN IX (m. 1845), (pl. IV).
    HT 0,370^{mm}.

Canon de 0,201^{mm} (5 pouces 7 lignes), à cinq pans. Calibre du précédent. Platine ronde mod. an IX avec chien à espalet. Bassinet en cuivre. Embouchoir à deux bandes ; porte-vis, pontet et calotte en laiton ; écusson et bride de poignée en fer.

Baguette d'acier à tête de clou.

Par décision du 2 messidor an XII un anneau fut fixé à la calotte, de manière à tourner librement autour d'une goupille.

Les aide-mémoires indiquent aussi un pistolet mod. an IX avec garnitures de fer et à crosse droite qui semble devoir être un *modèle dépareillé*.

PISTOLET DE GENDARMERIE, MOD. AN IX (m. 1849), (pl. IV).
    HT 0,260^{mm}.

Canon de 0,128^{mm} (4 pouces 9 lignes). Calibre de 0,015,^{mm}2 (6 lignes 9 points). Dispositions du modèle précédent avec garnitures en fer.

Nota. — Cette arme a été souvent utilisée par les officiers d'infanterie.

PISTOLET MOD. AN XIII (m. 1852), (embouchoir pl. IV).

Cette arme ne diffère de la précédente que par la disposition de l'embouchoir.

« L'embouchoir a été changé et n'est plus à proprement parler qu'une capucine en forme d'anneau ovale sans coulisse, qui unit le bois au canon très solidement et dont le bord inférieur est à 3 pouces 4 lignes 8 points du derrière du canon ; elle est retenue par une bride en cuivre qui va jusque sur la tête de la grande vis du devant de la platine. Ce pistolet sert à toutes les troupes à cheval hors la gendarmerie. Il sert aussi aux troupes de la marine ; mais alors on y ajoute un crochet de ceinture en acier faisant ressort et tenu par la grande vis du milieu de la platine qui est plus longue pour cette destination (GASSENDI 1809) ».

PISTOLET DE CAVALERIE MOD. 1816 (m. 1868), (pl. IV).

Formes générales du pistolet an XIII, sauf l'embouchoir, qui est en forme de capuche, et dispositions particulières du système 1816; queue de culasse à épaulement pour la bride de la poignée; vis de la calotte à anneau.

Mêmes dispositions pour le Pistolet de gendarmerie mod. 1816 (m. 1873), (pl. IV).

Pistolet de cavalerie mod. 1822 (m. 1875).

Dispositions générales du système 1817 et particulières du système 1822.

De même pour le Pistolet de gendarmerie mod. 1822 (m. 1877).

2° Pistolets a percussion

L'adoption du système 1840 ne donna pas lieu à l'établissement d'un modèle nouveau pour la cavalerie, avec platine en arrière. Il fut, au contraire, établi des armes neuves avec platine en avant (m. 1879 et 1880). Les seuls modèles nouveaux furent celui de gendarmerie mod. 1842 et de marine mod. 1837 et 1849.

Pistolets mod. an IX et an XIII transformés 1841.
Platine du Mousqueton 1822 transformé 1841.

Pistolets mod. 1816 et 1822 transformés 1841.

Pistolets de gendarmerie mod. 1822 transformés.

Pistolets de gendarmerie mod. 1842 et 1842 transformés 1848.

Platine en arrière. La modification de 1848 ne consiste que dans les formes du chien dont la tête et l'évidement sont ovales et non rondes, comme au modèle 1842.

Pistolet de marine mod. 1837 (m. 1888).
Canon de 201ᵐᵐ. Platine en arrière à la *Pontcharra*; culasse à chambre tronconique; cheminée du fusil de chasse.
Dispositions générales du système 1822; porte-vis formant crochet de ceinture; capucine prolongée jusqu'au pontet. Baguette à glissière.

PISTOLET DE MARINE MOD. 1849 (m. 1891).

Dispositions du précédent, avec renforcement des pièces. Cheminée du fusil de guerre; petite hausse et guidon.

NOTA. — Les pistolets an IX, an XII, 1816 et 1822, transformés, ont servi à la marine, après addition du crochet de ceinture.

3° PISTOLETS RAYÉS DES SYSTÈMES 1854-1857

Toutes ces armes sont de transformation. Elles portent une hausse et un guidon à embase sphérique et une baguette en tête de poire évidée.

Ce sont les PISTOLETS MOD. an IX, an XIII, 1816 et 1822 transformés *bis*.

Il n'y a pas eu de transformation des pistolets de gendarmerie.

B. — PISTOLETS D'OFFICIERS ANTÉRIEUREMENT A 1815

Il n'y a pas, à proprement parler, de pistolet réglementaire pour les officiers avant l'an XII. Cette arme est donc de modèles très divers. Les plus longs, servant à la cavalerie, sont dénommée *d'arçon* et ne satisfont, au point de vue militaire, qu'à la seule condition d'être de calibre. Quelques-uns sont rayés, d'autres sont *brisés*, antérieurement surtout à l'an VIII; disposition usitée surtout pour les pistolets de poche. La réglementation du pistolet dans les états-majors en l'an XII, tout en fixant l'uniformité du calibre, s'applique surtout à une ornementation hiérarchique.

EXTRAIT DU RÈGLEMENT DU 1er VENDÉMIAIRE AN XII SUR L'UNIFORME DES ÉTATS-MAJORS :

GÉNÉRAUX. — Pistolets de calibre; canon et garnitures en fer bronzé, excepté la calotte de la crosse qui sera en argent et ornée d'une tête de Méduse (pl. IV).

OFFICIERS DE L'ÉTAT-MAJOR DES ARMÉES, ADJUDANTS-GÉNÉRAUX, ADJOINTS ET AIDES DE CAMP. — Pistolets de calibre; garnitures en fer bronzé, à l'exception de la calotte de crosse qui sera en argent de forme unie.

Officiers du génie, inspecteurs aux revues et commissaires des guerres. — De même.

Officiers de l'état-major des places. — Garniture en fer bronzé.

Nota. — Le règlement du 7 prairial an XIII attribue les mêmes armes à l'armée de mer.

Le type du pistolet de luxe, de la fin du xviii° siècle à 1815, diffère des types antérieurs par une crosse plus courbe et aux arêtes vives. Le fût continue de monter jusqu'au haut du canon qui est très souvent renforcé à la bouche, d'après un mode usité à Versailles pour la carabine. La platine est semblable à celle du fusil, avec chien en col de cygne ou à espalet ; le canon est assemblé au fût par la vis de queue de culasse et deux goupilles à tiroir passant dans des tenons brasés au canon.

Le calibre de ces armes est celui de celles des troupes, $17^{mm},1$, ce qui empêchera de les confondre avec des pistolets de tir ou de duel établis le plus souvent à Versailles et portant double détente. Beaucoup sont rayés. On trouvera dans Cotty (*Mémoire* de 1806) la description des différents modes de rayure usités au commencement du xix° siècle, *à tiroir, rochet, colonne* et *à cheveux* dite *merveilleuse*.

Ces dénominations sont, du reste, toutes de fantaisie.

Les pistolets établis sur le type de Versailles, qui paraît avoir été le plus usité sous le Directoire, le Consulat et l'Empire, sont de trois longueurs différentes correspondant, pour le canon, à 260^{mm} environ, 215^{mm} et 180^{mm}, ces derniers correspondant à des armes d'infanterie. On en rencontre à canon de bronze, usités par des officiers de marine, comme moins sujets à la rouille. A titre de renseignement, le règlement de l'an XII prévoyait, pour le ceinturon des officiers de l'Armée de mer, deux goussets à pistolets. C'est ainsi que les portaient les officiers d'infanterie, qui souvent se servaient du modèle de gendarmerie an IX.

Parmi les types usités sous le Premier Empire, il y a lieu particulièrement d'en remarquer deux.

1° Pistolet tromblon ou espingole.

Cette dénomination, usitée par l'*Annuaire de Versailles* (Musée d'Artillerie), s'applique à des armes semblables, comme monture et platine aux autres, mais pourvues d'un canon évasé.

Ce sont parfois des armes de grand luxe dont plusieurs ont été décernées à titre de récompense et dont l'*Annuaire* fait fréquemment mention.

Il y a lieu de distinguer ces armes des pistolets à l'*Orientale*, dénommés ainsi surtout en raison de l'ornementation de leur monture dont la forme générale se rapproche de celle des pistolets du xviii⁰ siècle.

C'est ainsi que les pistolets de mameluks, établis à Versailles, présentent une certaine incertitude.

L'*Annuaire* de 1809 donne, à leur sujet, seulement le prix de fabrication :

	Officiers	Soldats
Pistolets de ceinture . . . Fr.	150 »	57 »
— d'arçon.	id.	id.
Carabine	id.	85 »
Tromblon.	id.	65 »

Cette désignation paraît confirmer qu'il y eut, dans l'armement de mameluks, des pistolets tromblons et à canon ordinaire. L'*Annuaire de Versailles* ne distingue pas et cite seulement :

Paire de pistolets de mameluks de la Garde an X : 152 ; — an XI : 150 ; — 1813 : 200. — Total : 502.

Il est à croire, à défaut de modèles précis, que leur monture était à l'*Orientale*.

2⁰ PISTOLETS à *platine symétrique* dits à l'*Écossaise* et à *bayonnette* (pl. IV).

Ces armes, qui paraissent dater de la fin du Directoire, se distinguent par une crosse à quatre arêtes arrondies, de fabrication souvent très peu soignée ; un coffre contient la platine dont les organes sont symétriques. Le bassinet est placé sur le pan supérieur, ainsi que la batterie et son ressort. Le canon ne comporte pas de fût, mais porte généralement près de la bouche un tenon fourchu dans lequel se meut une petite bayonnette qui est maintenue dans la position ouverte par un ressort plat et dans la position fermée par la sougarde mobile à cet effet ; en pressant sur laquelle, la bayonnette se redresse par l'effet d'un ressort placé à sa base et prenant appui sur le pan inférieur du canon. Souvent un dispositif de sûreté se trouve placé derrière le chien. Plusieurs de ces armes ont été transformées à percussion.

C. Pistolets d'officiers à partir de 1816

Il est assez difficile, quoiqu'il y eut un modèle réglementaire d'officiers en 1816, de distinguer, autrement que par le calibre, les armes de guerre de luxe des armes de tir. A partir de 1813, les armuriers parisiens commencèrent à établir des pistolets à percussion. Les armes de cette époque, d'après une disposition qui a été conservée dès lors pour les pistolets de luxe, sont pourvues d'un fût plus court, avec ajustage à goupille-tiroir. Nos lecteurs trouveront, en outre, au Musée d'Artillerie nombre de pistolets de cette époque, à percussion et à chargement par la culasse, systèmes Lepage, Robert, etc.....

Je me bornerai à décrire les modèles réglementaires, en faisant remarquer que ceux-ci sont des armes destinées à la cavalerie.

Pistolet d'officier de cavalerie mod. 1816 (m. 1863), (pl. IV).

Dispositions générales du modèle 1816. Canon tordu et bronzé ajusté au bois par une goupille à *tiroir*; pas de porte-vis; rosette de vis de platine; calotte de forme sphérique ajustée sur une tige et une vis placée dans la sougarde; pas de bride-poignée quadrillée; vis guillochées; hausse et guidon. Baguette en baleine avec bout en laiton.

Pistolet de garde du corps (m. 1858) et de la maison du Roi.

Il existe de cette arme deux types, ainsi que pour les fusils.

1° Mod. 1814.
Dispositions générales du pistolet mod. an IX. Canon bronzé avec inscription *Gardes du corps du Roi*. Vis guillochées. Calotte portant l'écusson de France, surmonté de la couronne royale; hausse et guidon; embouchoir à deux bandes; poignée lisse.

2° Mod. 1816.
Disposition générale du précédent. Le canon est bronzé mais non gravé. La calotte est simplement timbrée de trois fleurs de lys; vis non guillochées.

Pistolet d'officier de cavalerie mod. 1822 (m. 1866).

Dispositions générales du mod. précédent 1816 et particulières du système 1822.

Nota. — Ce pistolet transformé à percussion a reçu le nom de pistolet d'officier mod. *1822 transformé*.

PISTOLET D'OFFICIER MOD. 1833 (m. 1886), (pl. IV).
    HT 0ᵐ,38.

Canon à huit pans en ruban d'acier à 48 rayures. Culasse à chambre. Platine en arrière à percussion ; sous la calotte à anneau maintenue par deux vis, logement dans le bois pour la mesure de poudre et les cheminées de rechange. Forme générale d'un pistolet de tir.

PISTOLET D'OFFICIER DE GENDARMERIE MOD. 1836 (m. 1885).
    HT 0ᵐ,27.

Canons à cinq pans courts et à 38 rayures. Culasse à chambre ; cheminée de chasse ; platine en arrière à la *Pontcharra* ; calotte avec couvercle à charnière recouvrant un logement comme au précédent.

PISTOLET D'OFFICIER D'ÉTAT-MAJOR MOD. 1855 (m. 1887), (pl. IV).
    HT 0ᵐ,36.

Canons superposés en rubans de damas moiré ; à 48 rayures en cheveux. Platines en arrière jaspées ainsi que les garnitures. Monture des pistolets de tir. Calotte à couvercle.

D. REVOLVERS RÉGLEMENTAIRES.

Le revolver, arme d'origine américaine, fit son apparition vers 1820. Les armes de ce type comportèrent une série de canons accolés dans lesquels on plaçait une cartouche en papier, et dont chacun comportait une cheminée et une amorce. Le barillet devint indépendant plus tard.

Les revolvers réglementaires sont :

REVOLVER DE MARINE MOD. 1853 (m. 1894).

Calibre 0ᵐ,12. Système Lefaucheux à simple mouvement ; cartouche à broche.

REVOLVER DE MARINE MOD. 1853 TRANSFORMÉ 1870.

Percussion centrale ; double mouvement.

Revolver mod. 1873.

Calibre de 11 mil.; double mouvement.

Revolver d'officier mod. 1874.

Allègement du modèle précédent. Acier bruni.

Revolver mod. 1886.

Calibre de 8 mil.; platine rebondissante; barillet mobile.

Nota. — Le Gouvernement de la Défense Nationale a acheté, en 1870-71, et mit en service nombre de systèmes étrangers : Colt, Smith et Wesson, etc.

Le Fusil arme d'hast

LA BAYONNETTE DE 1700 A 1886.

J'ai laissé volontairement de côté les descriptions des différents modèles de la bayonnette ou du sabre-bayonnette, parce que l'emploi de cette arme correspond à celui du fusil comme arme d'hast, emploi tactique légendaire dans les armées françaises, peut-être plus important jadis que le feu même.

En racontant d'après l'historien de la milice française, le Père Daniel, comment le fusil substitué au mousquet remplaça la pique dans l'infanterie française, j'ai retracé l'origine de la bayonnette; comment, simple poignard dont le manche pouvait s'engager dans le canon, disposition longtemps usitée encore pour des armes de chasse, elle devint, par l'invention de Vauban, le complément de l'arme moderne, le fusil. Nous allons maintenant la suivre à travers ses diverses transformations, d'après le tableau malheureusement incomplet du Musée d'Artillerie.

La bayonnette mod. 1717, la première que fabriquèrent les manufactures royales, ne semble pas différer beaucoup des types primitifs. Aucune virole ne l'assujettit au canon autour duquel elle peut tourner librement dans le plan perpendiculaire suivant le jeu de la fente. On saisira facilement combien ce mode d'ajustage est imparfait. Ce n'est néanmoins qu'en 1763 que la bayonnette fut pourvue d'une virole dont la disposition fut peu différente de celle sous laquelle la bayonnette nous est arrivée. La douille alors ne portait qu'une fente qu'obstruait la virole placée au bas de la douille et formant pontet.

Le modèle 1766 à ressort, disposition reprise plus tard en 1838 pour la bayonnette-sabre, 1768 à virole et 1774 à bourrelet maintenue par un ressort à griffe fixé au canon, aboutirent au modèle 1777 à pontet, trois fentes et viroles. Ce fut cette bayonnette qui, accompagnée de son fourreau en peau de vache non noircie, fit, comme le fusil mod. 1777 corrigé en l'an IX, toutes les campagnes de 1792 à 1815. Le modèle de l'an IX n'en différa que par un allongement de 27 millimètres, de 379 millimètres à 406 millimètres. A titre rétrospectif, je note au passage un essai non adopté du contrôleur Régnier, relaté par Gassendi et consistant à remplacer le fer de la virole par du laiton écroui, disposition ingénieuse destinée à empêcher la rouille, mais rejetée en raison de son peu de solidité.

A mesure que le fusil diminue de longueur, la bayonnette s'allonge. Déjà en l'an IX le mousqueton de cavalerie a été pourvu d'une bayonnette de 478 millimètres. La bayonnette an IX d'infanterie a 406 millimètres. La bayonnette mod. 1822 460 millimètres et reçoit un fourreau noirci avec bout en laiton, collet et tirant en buffle. En 1847, établissement d'un nouveau modèle qui ne diffère du précédent que par la forme du coude, l'arrondissement des angles du talon et le dégagement du pontet de la virole. La réduction de tous les canons d'infanterie en 1857 donna lieu à l'adoption d'un nouveau modèle de 51 millimètres, mais celui-ci resta à l'état de projet. La bayonnette 1847 fut la dernière en France, si l'on ne tient pas compte de la bayonnette tout à fait spéciale de la carabine de gendarmerie mod. 1874. Elle devait faire place au sabre-bayonnette, devenu de nos jours l'épée-bayonnette, qui lui aussi a son historique, car sa création est intimement liée à celle des chasseurs d'Orléans, comme la forme primitive de la lame à l'histoire des campagnes d'Afrique et aux travaux du colonel Marey sur les armes blanches (1).

Avant que le feu de l'infanterie eût pris l'importance que lui donnèrent les armes rayées, la sécurité du soldat exigeait que la bayonnette fût toujours au bout du canon. L'adoption de la carabine et le désir d'alléger le soldat donna l'idée, aussi bien en France qu'à l'étranger, d'adapter au bout du fusil le coupe-choux mod. 1816 ou 1831, qui avait quelque peu essaimé en

1. *Mémoire sur les Armes blanches*, par le colonel Marey, commandant le 1er régiment de cuirassiers. Strasbourg, imprimerie Silbermann, 3, place Saint-Thomas. 1841.

Europe. Cette transformation est assez disgracieuse. On en peut voir un exemple au Musée d'Artillerie sur un mousqueton d'artillerie mod. 1829 (m. 658). Le sabre mod. 1816, issu de ce sabre d'artillerie que Gassendi condamnait, était une arme incommode, très inférieure comme outil même au briquet et beaucoup trop lourde pour pouvoir être adaptée surtout au canon du fusil d'infanterie.

Le sabre dans l'infanterie a toujours été plutôt un insigne qu'une arme. Dès Louis XVI les basses compagnies n'étaient armées que du fusil. En 1840, et jusqu'en 1866, seuls les cadres et les compagnies d'élite portaient le sabre, et la punition de la privation du port du sabre, inscrite dans le service intérieur du 2 novembre 1833, resta théoriquement en usage jusqu'au service intérieur actuel. La carabine Pontcharra était destinée à un corps d'élite, les tirailleurs. Pourvue d'abord d'une bayonnette à ressort, elle reçut bientôt la bayonnette-sabre. Cette arme, de forme nouvelle, était assez laide, lourde et mal en main. La poignée trouvait difficilement place dans le paquetage. Néanmoins les tirailleurs en furent pourvus dans leur double armement, carabine et grosse carabine. Il en exista plusieurs modèles d'essai, dont l'un en forme de yatagan portant à l'arrière le double biseau usité plus tard dans le sabre des Cent-Gardes, inspira le premier sabre-bayonnette de l'armée française, le modèle 1840, à croisière de laiton, lame de 51 centimètres et fourreau de tôle. Le modèle 1842 n'en différa que par la croisière en fer remplaçant la croisière en laiton et l'allongement de la lame. La modification de 1859 n'altéra pas les formes primitives.

Tel est l'ancêtre du sabre-bayonnette mod. 1866, qui n'en diffère que par la légèreté et la disposition du quillon. A noter: le sabre-bayonnette du fusil de l'École de Vincennes et l'épée-bayonnette du fusil de marine mod. 1864, dont le général Gras s'est certainement inspiré pour l'épée-bayonnette mod. 1874.

Le sabre-bayonnette Français excita par ses ingénieuses dispositions un certain engouement qui s'étendit à l'étranger. C'est ainsi que le Werder bavarois et le Remington égyptien en furent pourvus. Les sabres-bayonnettes étrangers n'en furent qu'une imitation. A l'expérience de la guerre il ne donna pas tout à fait ce que l'on en attendait. Si le modèle de 1842 pouvait à la rigueur servir de *faschinen-messer*, le modèle 1860 remplissait difficilement cet office, encore moins celui de marteau pour les piquets de tente. Le fourreau en métal, qui flattait l'amour-propre du soldat, considération respectable sans doute et qu'on ne saurait négliger quand elle ne nuit pas à des considérations de guerre, dégradait les effets et, ce qui est pire, fournissait une excellente cible à l'ennemi et trahissait au moindre choc la présence de celui qui le portait.

On lui fit aussi un autre reproche, mais celui-là, facilement corrigeable, dépendait d'une erreur dans les principes qui avaient procédé à l'installation du fusil lui-même ; les sabres-bayonnettes n'étaient pas interchangeables.

« On a malheureusement constaté, écrit le lieutenant Girard, qu'après les batailles livrées devant Metz, très peu de soldats pouvaient ajuster leur sabre-bayonnette. Tel sabre va à un fusil et ne va pas à un autre ; or, pendant le combat, le soldat qui, après avoir tiré plusieurs cartouches, sait par expérience et sent à la résistance qu'il éprouve dans le mécanisme que son arme ne pourra plus lui servir dans un instant, la jette pour prendre celle d'un camarade tué ou blessé. Comme pendant le tir, il a gardé le sabre au fourreau, il ne peut plus l'ajuster sur son nouveau fusil ; son sabre lui est donc inutile, et si, ayant tiré beaucoup, pour peu que son arme lui brûle les doigts on ne marche pas, il est surpris (comme on l'a vu) par l'infanterie ou la cavalerie, que deviendra-t-il ? »

Ce n'était pas sans réflexion que les sabres-bayonnettes n'étaient pas interchangeables. Jadis le soldat considérait le sabre comme sa propriété personnelle, le dégradant, le changeant, le perdant. Dans les anciens règlements on voit avec quelle facilité l'homme perdait sa bayonnette et quelle peine relativement légère lui était alors infligée pour une faute qui de nos jours pourrait l'amener au conseil de guerre. La disposition qui devait avoir de si déplorables conséquences avait pour but de rendre l'homme plus responsable des dégradations d'une arme qui faisait désormais plus partie de l'armement que de l'équipement comme jadis.

L'adoption de l'épée-bayonnette mod. 1874, interchangeable, dotait le fusil 1874 d'une bayonnette plus légère, aussi solide par le profil en T de sa lame que le yatagan, plus exclusivement réservée à son rôle d'hast, car l'arme est impropre à servir de serpe ou de marteau, moins lourde aussi au bout du fusil, quoique donnant lieu à des déviations de tir. La bayonnette 1886, adoptée à cette époque malgré l'exemple des couteaux-bayonnettes étrangers, semble répondre à toutes les conditions de service, depuis qu'on a renforcé son ajustage à la monture. Quant à sa disposition sous le canon, on sait qu'elle a pour but d'empêcher les déviations du tir. Que vaut-elle comparativement au poignard ? Je la crois préférable, ne serait-ce que parce qu'elle flatte plus le soldat. L'arme écourtée est bien peu esthétique au côté du fantassin, que ne relève déjà pas trop son uniforme, et si peu qu'on puisse avoir besoin désormais à la guerre d'une bayonnette longue, ne vaut-il pas mieux acquérir cet avantage ?

La bayonnette est une arme d'infanterie. Sur les armes de cavalerie elle ne répond qu'à un service exceptionnel. Les dragons, qui en principe devaient combattre à pied, portèrent la bayonnette jusqu'en 1832. Dans les corps armés du mousqueton, cet usage n'exista que pendant l'Empire, lors du camp de Boulogne et en 1812. Dans l'artillerie, où une bayonnette est particulièrement utile, ne serait-ce que pour le service de garde, le système 1829 ne fut pourvu d'un sabre-bayonnette que lors de sa transformation en 1840.

Aujourd'hui encore la gendarmerie et les corps similaires, en raison de leur service spécial, ont seuls conservé une bayonnette d'un modèle spécial en 1866 et en 1874, en 1886 une épée-bayonnette.

Le rôle du fusil comme arme d'hast est-il terminé ? Attendons pour le savoir les enseignements de la grande guerre d'Orient. Au moins la bayonnette : le fusil arme d'hast, si l'on ne peut plus baser sur lui une tactique, ne peut-il être considéré encore comme une arme de pure défense individuelle ?

Ne serait-ce que l'escrime à la bayonnette, excellent exercice qui habitue le soldat à manier habilement le poids de son arme et dont on ne saurait trop développer l'extension, comme jadis en 1840 dans les bataillons de chasseurs à pied, aujourd'hui surtout que le maniement d'armes, excellente école de reprise d'instruction, quoi qu'on en dise, a disparu, que la bayonnette serait utile, voire même comme préparation au tir. Cela vaut bien la boxe ou le bâton, cette convention qui charme les loisirs de garnison, et surtout beaucoup mieux que l'escrime au fleuret, le dernier des arts d'agrément qu'on enseigne au régiment.

DESCRIPTION DES DIFFÉRENTS MODÈLES DE BAYONNETTES
EN USAGE DANS L'ARMÉE FRANÇAISE.

BAYONNETTE MOD. 1717 (m. 441), (pl. V).

A douille ; à deux fentes sans pontet ni virole. Longueur : 379^{mm} (14 pouces); triangulaire non évidée ; longueur du coude 50^{mm}. A servi aux modèles 1717 et 1728.

BAYONNETTE MOD. 1746 (m. 443), (pl. V).

A douille, à trois fentes et à lame évidée. Longueur : 379^{mm} ; largeur du coude 39^{mm}. A servi au modèle 1746.

BAYONNETTE MOD. 1763 (m. 448), (pl. V).

A douille ; virole basse ; une seule fente. Longueur : 379^{mm} ; longueur du coude : 40^{mm}.

BAYONNETTE MOD. 1766 (n'existe pas au Musée).

Cette bayonnette offre les dispositions générales de la précédente. La virole est remplacée par un ressort plat, disposition reprise en 1837 pour la bayonnette-sabre de la carabine Pontcharra.

Cette bayonnette est spéciale au fusil mod. 1766.

BAYONNETTE MOD. 1774 (n'existe pas au Musée d'Artillerie), (pl. V).

Douille sans virole, à trois fentes, terminée à la partie inférieure par un bourrelet qu'un ressort-griffe tenant au canon retient.

Ce modèle est spécial au fusil 1774 qui n'existe pas au Musée et semble une arme d'essai.

BAYONNETTE MOD. 1777 (m. 459).

Douille à trois fentes et à virole basse, le pontet non dégagé. Talon à angles aigus, coude rond ; lame triangulaire évidée de 379^{mm} de longueur ; longueur du coude : 37^{mm} ; le coude plus droit.

BAYONNETTE MOD. AN IX (m. 481).

Douille à trois fentes et à virole médiane, le pontet non

dégagé. Longueur : 406ᵐᵐ (15 pouces). Longueur du coude 0ᵐ38,
le coude carré. Fourreau en vache sans garniture avec collet et
tirant en buffle.

BAYONNETTE DE MOUSQUETON MOD. AN IX (m. 487).

Semblable à la précédente, la lame de 487ᵐᵐ (18 pouces); a
été adaptée aux mousquetons d'ancien modèle.

BAYONNETTE MOD. 1822 (m. 515).

A douille, à trois fentes et à virole médiane, le pontet non
dégagé. Lame triangulaire à coude rond. Longueur de 460ᵐᵐ
(17 pouces), fourreau en cuir de vache noirci, bout en laiton
épinglé, collet et tirant en buffle.

BAYONNETTE MOD. 1847.

Ne diffère de la précédente que par le coude plus fort et
ovale, les côtés plus arrondis, les angles du talon supprimés et
se raccordant au centre, le pontet dégagé. Fourreau avec garniture de cuivre, pontet et tirant en buffle.

BAYONNETTE DE GENDARMERIE MOD. 1866 (pl. V).
Lame quadrangulaire.

BAYONNETTE-SABRE (pl. V).

Lame plate de 510ᵐᵐ de longueur, 31ᵐᵐ,5 de largeur à la
base, terminée en langue de carpe, le dos en baguette arrondie
formant arête médiane à partir de 18 centimètres de la pointe,
douille à deux fentes, ressort à taquet maintenu par une vis et
poussoir, fausse poignée en laiton servant de nécessaire d'arme
à onze cannelures. Bouchon en acier, l'intérieur du bout de la
poignée fileté et portant un tenon en acier, vis de serrage, le
bout fileté fendu, fourreau en cuir à deux garnitures en laiton,
pontet et tirant. A servi à la carabine mod. 1837 et au fusil de
rempart allégé mod. 1838. Il existe deux modèles d'essai avec
lame à pans creux et lame yatagan.

SABRE-BAYONNETTE 1840 (Carabine 1840 et fusil de rempart
allégé 1840).

Lame en forme de yatagan de 51 centimètres, poignée et
croisière en laiton. Logement pour le tenon, pas de directrice.

Sabre-bayonnette mod. 1842 (pl. V).

Lame en forme de yatagan à deux pans creux terminés en langue de carpe, comme la précédente, mais de 573ᵐᵐ de long, poignée en laiton, croisière en fer. Quillon à arêtes vives relevé vers le pommeau, ressort de poussoir à une branche à vis, poussoir rond, logement de poussoir et rainure de directrice, fourreau en tôle d'acier, cuvette, les battes appuyant sur les pans creux.

Poids sans fourreau : 0 k. 825, avec fourreau 1 k. 290.

A servi sur la carabine 1842, 1846 et 1853 et le mousqueton 1829 transformé.

Nota. — Suivant la fabrication le bouton de quillon est à arêtes vives ou arrondies.

Sabre-bayonnette mod. 1842 modifié 1859.

Ne diffère du précédent que par le ressort à deux branches logée dans l'intérieur de la poignée et le poussoir carré. La cuvette appuie sur le dos et le tranchant.

Épée-bayonnette du fusil double de marine mod. 1861 (pl. V).

Lame étroite quadrangulaire à quatre pans creux à arêtes arrondies, pommeau en fer, croisière droite, plaquettes de poignée en corne ajustées à rosette, double douille, fourreau en tôle d'acier pontet et tirant.

Sabre-bayonnette de l'école de Vincennes (pl. V).

Ce sabre-bayonnette qui n'a jamais été mis en service n'est intéressant, comme la bayonnette Favé qu'à titre d'étude. La lame est celle du modèle 1866. La poignée rappelle par ses dispositions celles de l'épée-bayonnette modèle 1874, sauf le quillon relevé vers le pommeau.

Bayonnette Favé.

Cette bayonnette, présentée par le général Favé à la Commission du camp de Châlons, en 1866, en même temps que le fusil dont il était l'inventeur, retint l'attention de la Commission et faillit être acceptée.

Longue douille en acier de 104ᵐᵐ à bourrelet et à virole formant poignée et portant une croisière à deux quillons. De la branche extérieure se détache une lame à section triangulaire isocèle à côtés évidés de 0ᵐ,60.

Épée-bayonnette Manceaux.

Poignée en bois noir, monture en fer, lame triangulaire, quillon droit, fourreau en acier, dispositions générales de l'épée-bayonnette du fusil de marine mod. 1860.

Sabre-bayonnette mod. 1866 (Série Z). — Bayonnette mod. 1866. — Épée-bayonnette mod. 1874. — Épée-bayonnette mod. 1886, Épée-bayonnette de gendarmerie, Poignard-bayonnette d'artillerie.

Modèles en service.

<h1 style="text-align:center">ARTICLE X</h1>

<h2 style="text-align:center">Marques et poinçons des armes à feu</h2>

Il est impossible de se référer au sujet des marques et poinçons aux armes du Musée d'Artillerie. La plupart de celles-ci sont des modèles n'ayant pas été mis en réserve dans les arsenaux, encore moins en service. Beaucoup ont été établies non en manufacture, mais à l'atelier du dépôt central.

Les marques des armes à feu, jusqu'en 1806, se distinguent en deux classes : 1° *Marques de fabrication et de réception définitive* ; 2° *Numérotage des armes dans les corps.*

1° MARQUES DE FABRICATION ET DE RÉCEPTION DÉFINITIVE.

Au sujet de la fabrication avant 1792, GASSENDI écrit (*Aide-mémoire de 1809*) :

« L'entrepreneur (de la Manufacture) avait une marque qu'on mettait sur les canons, les platines et les bois ». Il n'est pas question de marque de réception définitive, dont du reste les fusils antérieurs à 1792 n'offrent pas trace. Les assemblées révolutionnaires décidèrent par plusieurs décrets (28 janvier 1791-17 juin 1792), que les fusils distribués aux gardes nationales porteraient sur la joue droite de la crosse les lettres A N, qui signifient suivant la teneur de ces décrets : Armée nationale, Arme nationale ou Garde nationale, disposition appliquée, d'ailleurs, aux piques révolutionnaires.

Cette marque A N, dont l'apposition n'est pas absolue, se transforma quelque temps avant l'an IX, d'après les remarques

faites sur de nombreuses armes en le monogramme Æ (A R).
(Armée républicaine). On la voit non seulement sur des fusils,
à la joue droite, mais aussi sur des sabres, près du talon de la
lame, et sur les canons des fusils.

Le Règlement de l'an IX pour les manufactures d'armes à feu
(*Voir* Gassendi, *Aide-mémoire* an IX, 1801), décrit ainsi à l'article : *Recette des armes finies*, la marque définitive de réception :

« 47. Indépendamment de la marque particulière de l'inspecteur et du contrôleur, il sera appliqué, conformément à l'ordre qui en a été donné le 25 vendémiaire an IX, aux inspecteurs des manufactures les deux marques suivantes : Une marque en fer portant les lettres R F sera appliquée à six lignes en avant de la lumière sur le pan qui reçoit la platine, les lettres affleurant cette platine et y aboutissant par le bas;

« La marque en bois portant les mêmes lettres R F sera appliquée sur le milieu de la crosse, du côté de la platine. Au moyen de mèches de vilebrequin, il sera fait à cet endroit un trou, qui sera rempli par une cheville en bois, sur laquelle porteront ces mêmes lettres R F. On ne mettra pas de cheville aux pistolets, de peur de faire éclater le bois ».

D'après Gassendi (*Aide-mémoire* de 1809), *Contrôle des armes portatives* :

« Les contrôles sont des marques appliquées avec des poinçons sur les armes. Ils servent à faire reconnaître à qui on peut s'en prendre de leurs défectuosités.

« Sur le canon se trouvent : 1° la lettre initiale du nom de l'inspecteur des manufactures; 2° celle du nom du premier contrôleur; 3° celle du nom du contrôleur du canon; 4° à six lignes en avant de la lumière les lettres E F (Empire français) sur le pan qui reçoit la platine; 5° sur le pan supérieur l'année de la fabrication, et sur la queue de culasse la distinction du modèle.

« Sur la platine sont : 1° l'initiale du nom du contrôleur de la platine; 2° en avant du chien sur le corps, le nom de la manufacture.

« Sur la bayonnette, au coude et au talon de la lame, l'initiale des noms de l'inspecteur et du contrôleur de cette partie de l'arme.

« Toutes les autres parties de l'arme reçoivent aussi la marque du contrôleur qui en est chargé.

« Sur le plat de la crosse sont encore les lettres E F, et autour l'initiale du nom de l'inspecteur, du premier contrôleur, le mois et l'année de fabrication ».

Ce mode de réception et de contrôle fut employé jusqu'à nos jours et l'est encore, mais les lettres de la cheville varièrent d'après les gouvernements qui se succédèrent en France, et furent successivement A N, AR, E F, M R (Manufacture royale), et à partir de 1848, M A (Manufacture d'armes).

La désignation du modèle sur la queue de culasse est en lettres italiques : *Modèle 1777*, *Modèle n° 1* (République), *Modèle an IX*, *Modèle 1840 N*, *Modèle 1822 T*, *Modèle 1854*, etc.

La désignation de la manufacture sur la platine est en lettres italiques, sauf pour la Manufacture de Versailles qui, à partir de l'an IX, se servit jusqu'en 1800 de capitales droites. Il est à remarquer que certaines armes fabriquées par cette manufacture en 1815 (fusils de mousquetaires), portent sur la platine l'indication : Bouxy, 1ᵉʳ contrôleur.

2° NUMÉROTAGE DES ARMES DANS LES CORPS.

Le numérotage des armes dans les corps, qui paraît n'avoir été appliqué d'une façon complète que sous le Consulat, porte toujours sur l'ensemble des armes du corps et non comme pour les armes blanches, pour lesquelles cette disposition fut très peu appliquée, sur l'ensemble d'une compagnie. Il consiste dans l'apposition sur la joue gauche, au-dessus de la plaque de couche, du numéro d'ordre.

Cette disposition fut appliquée jusqu'en 1866. Voici comment elle est prévue dans le Règlement du 1ᵉʳ mars 1854 sur la conservation et l'entretien des armes dans les corps.

« NUMÉROTAGE (Titre III, chap. I).

« ART. 71. — Les armes à feu et les armes blanches sont numérotées de façon à former autant de séries qu'il y a d'espèces d'armes, sans distinction des divers modèles d'une même espèce. Chaque série commence au n° 1 et se continue jusqu'au numéro représentant le nombre d'armes de l'espèce existant au corps.

« Les canons, la baguette, la bayonnette ou sabre-bayonnette et les bois des armes à feu portent le même numéro, qui est celui de l'arme. Le numéro de l'arme est appliqué de même sur la monture et sur le fourreau des sabres de troupes à cheval ou à pied.

« ART. 76. — Les bois de fusil, de carabine ou de mousqueton sont numérotés sur le plat de la crosse du côté opposé à la platine. Les chiffres ont 9 millimètres de hauteur. Ils sont placés sur une ligne parallèle au bas de la plaque de couche, menée à 25 millimètres de ce bord.

« Dans les corps de cavalerie faisant usage du porte-crosse, on place le numéro au-dessus de la partie de la monture qui s'engage dans le porte-crosse.

« Les bois de pistolet sont numérotés en arrière du porte-vis, dans le sens de la longueur de la vis de culasse. Les chiffres ont 6 millimètres de hauteur.

« Les bayonnettes sont numérotées sur le coude du côté de la grande fente verticale, etc.

« POINÇON E. Destiné à constater lors de la rentrée au magasin, les dégradations de la monture qui ne sont pas imputables à l'homme. — Ce poinçon est appliqué à l'endroit de la dégradation.

« POINÇON P. Appliqué sur les bois payés par les hommes libérés, mais distribués aux jeunes soldats, encore inexpérimentés.

« POINÇON D'ARMURIER. Appliqué sur les pièces neuves mises en place dans l'intérieur des corps ; nom en toutes lettres sur les bois de monture.

TABLEAU C (art. 81 du règlement).

Manière dont les corps doivent marquer leurs fusils, carabines et mousquetons sur la plaque de couche.

Lettres de 6^{mm} de hauteur, les mots espacés de la vis et entre eux de 6^{mm}.

Gendarmerie Impériale, n° de la légion + la lettre G.	Zouaves, n° + la lettre Z.
Gendarmerie d'Afrique, GA.	Bataillons d'infanterie légère d'Afrique, n° du corps + les lettres LA.
— d'élite, GE.	Compagnies de discipline, n° + let. D.
— Coloniale, GC.	Légion étrangère, n° + les lettres LE.
Garde de Paris, GP.	Tirailleurs d'Alger, TA.
Gendarmes vétérans, n° du corps + les lettres GV.	— de Constantine TC.
Infanterie de ligne, n° du corps.	— d'Oran, TO.
— légère, n° du corps + let. Lz.	Sous-officiers vétérans, n° + let. VV.
Chasseurs à pied, n° du corps.	Fusiliers vétérans, n° + la lettre V.
	Dragons, n° du corps.

Chasseurs, n° + la lettre C.	Génie C⁰ˢ d'ouvriers, n° + let. OG.
Hussards, n° + la lettre H.	Vétérans du génie, SV.
Spahis, n° + les lettres SP.	Compagnies d'ouvriers d'administra-
Cavalerie de remonte, n° + lettres CR.	tion, n° + lettres OA.
École de cavalerie, EC.	Équipages milit. Escadrons du train,
Artillerie. Régiments, n° du corps.	n° + lettre E.
— C⁰ˢ d'ouvriers, n° + let. O.	— — Compagnies d'ouvriers,
— C⁰ˢ d'armuriers, AA.	n° + lettres OE.
Canonniers vétérans, n° + lettres AV.	Infirmiers militaires, I.
Génie, Régiments, n° + lettre S.	Sapeurs-pompiers, P.

Le numérotage des armes modernes est simplifié par l'emploi de séries embrassant tout un modèle d'armes, chaque arme portant dans la série un numéro matricule. Cette disposition fut appliquée pour la première fois en 1866, dont suivent les contrôles et marques diverses.

Fusil mod. 1866.

Désignation du modèle M^le 1866 sur le pan intermédiaire gauche de la boîte de culasse. Sur le pan latéral gauche du canon, lettre de série et numéro de l'arme :

D 36035 (la lettre de série en capitale). — A B C, Châtellerault ; D E, Mutzig ; F G H J K L M N P Q, Saint-Étienne ; R S T, Tulle ; U V, fabrication privée Cahen-Lyon (ne pas confondre cette fabrication régulière avec celle exécutée sous la Défense Nationale).

Pan latéral droit du canon M A (Manufacture d'armes) ; pan intermédiaire droit, initiale de la manufacture et millésime de la fabrication T 1869 ; pan intermédiaire gauche, poinçons du directeur de la manufacture et du contrôleur principal.

Sous la génératrice inférieure du canon, poinçon d'épreuve (E couronné) numéro ou mois de l'épreuve et poinçon du contrôleur, poinçons de première et deuxième épreuve du système. Sur la crosse, marque de réception définitive avec cheville marquée M A.

Répétition de la série et du matricule sur les principales garnitures et pièces de la culasse mobile.

Le sabre-bayonnette marqué comme les armes blanches au dos de la lame et sous la face interne de la croisière du numéro de la série du matricule et des poinçons de réception.

Ce mode de marque et de contrôle donné surtout à titre comparatif a été employé pour tous les modèles qui ont suivi le modèle 1866.

NOTES COMPLÉMENTAIRES

Les fusils de rempart destinés au service spécial des places et pesant plus de 5 kilogrammes ne peuvent être considérés comme des armes portatives dans le sens propre du mot.

Les modèles réglementaires les plus anciens sont :

LE FUSIL DE REMPART MOD. 1717 de $0,018^{mm}$ de calibre (m. 691).

LE FUSIL DE REMPART MOD. 1728, de même calibre (m. 692).

En outre de ces deux modèles réglementaires le Musée d'Artillerie en possède d'autres catalogués m. 712 et m. 714 de très fort calibre et divers essais de chargement par la culasse qui aboutirent à l'adoption du mod. 1831 avec tonnerre mobile, disposition essayée par la manufacture de Charleville pour des mousquetons (m. 969).

FUSIL DE REMPART MOD. 1831.

Canon de $1^m,19$, de $21^{mm},8$ de calibre à douze rayures paraboliques au pas de 80 centimètres, tonnerre mobile dans une boîte de culasse se relevant à l'aide d'une petite fourche ; pivot de pointage ; hausse fixe et hausse mobile ; platine à percussion ; poids de 10 kilos.

Le Musée ne possède pas de fusil de rempart mod. 1838 et 1840. Ceux-ci sont indiqués dans les aide-mémoires comme pesant respectivement 6 kilos, 5 kil. 200 et du calibre de $20^{mm},5$.

On remarquera au Musée les essais m. 1088 et m. 1096.

Accessoires des fusils se chargeant par la bouche.

Dans la nomenclature du fusil mod. 1777 an IX il a déjà été donné quelques renseignements sur ces accessoires. On trouvera dans les aide-mémoires la description détaillée des accessoires des armes à feu, tire-balle et tire-bourres, monte ressorts, mod. 1844 et mod. 1850 pour fusil, double-clef de cheminée; accessoires pour carabine à tige; tire-balle, broche, leviers, chassenoix, tourne-vis. Nécessaire d'armes mod. 1831.

GRENADIERS

Comme les fusils de rempart, les grenadiers sont une arme répondant à un but tout spécial, celui d'une artillerie de main à tir courbe, destinée à atteindre l'ennemi derrière des retranchements. Le grenadier se compose d'un très court canon en cuivre du calibre de la grenade, à chambre (ce qui classifie cette arme parmi les mortiers), avec une platine de fusil et une longue crosse courbe en bois terminée par un sabot et une pique destinée à s'enfoncer en terre.

Cette arme dont on trouve des exemplaires au Musée d'Artillerie (m. 721 à m. 728) cessa d'être employée à partir d'environ 1760.

ESPINGOLES ET TROMBLONS

Ces armes d'origine espagnole consistent en un canon très élargi à la bouche et tirant une petite mitraille. Elles furent employées dans la marine française jusqu'en 1750 pour la défense rapprochée. Dans l'armée de terre elles ne furent représentées que par le tromblon et le pistolet des mameluks de la Garde impériale.

FUSIL BOUCANIER

Le fusil boucanier usité également dans la marine, est une arme de calibre réduit et de très grande longueur de canon, ce qui lui donne une certaine justesse. Son aspect est celui d'un fusil arabe.

On cessa de s'en servir ainsi que des armes précédentes à partir de 1750. (*Archives de la Section technique de l'Artillerie.*)

TABLE DES MATIÈRES

TABLE DES PLANCHES

NOTA. — Dans la planche III les hausses sont :
En descendant verticalement celles des carabines mod. 1837 et 1842 et du mousqueton transformé 1841 ; horizontalement de droite à gauche celles de la carabine mod. 1840, des fusils de rempart allégés mod. 1838 et 1840 et de la carabine mod. 1846.

5469 — Paris. — Imp. Hemmerlé et Cⁱᵉ.

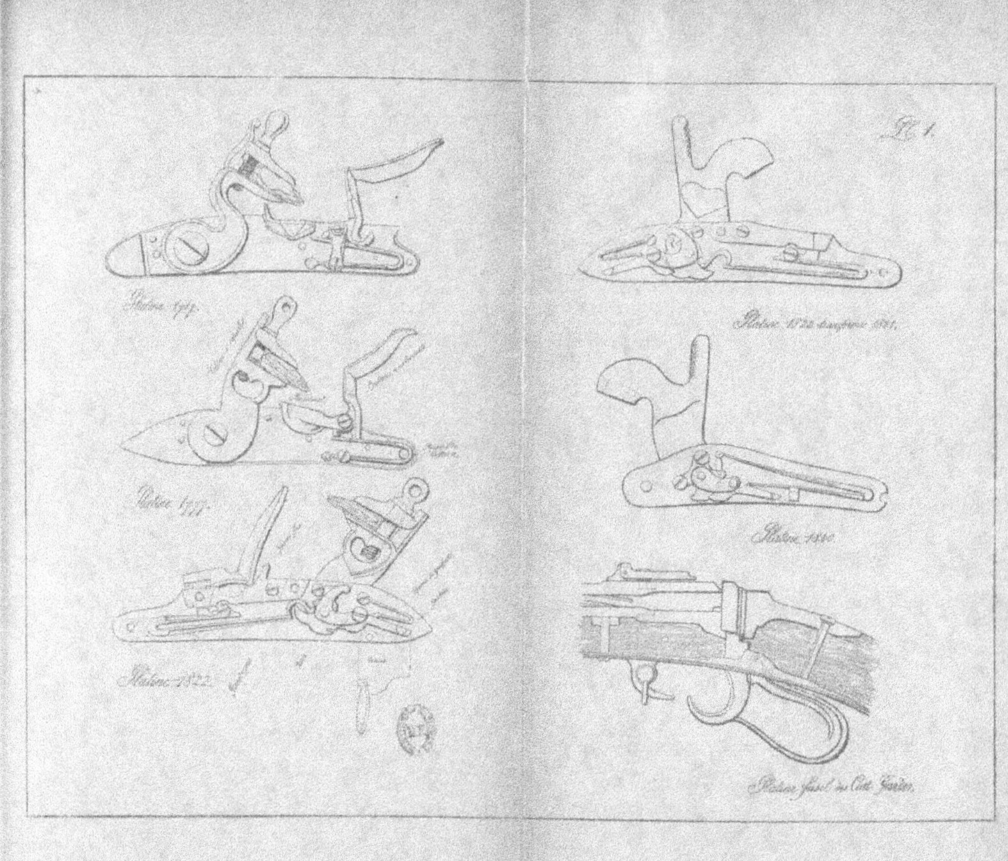

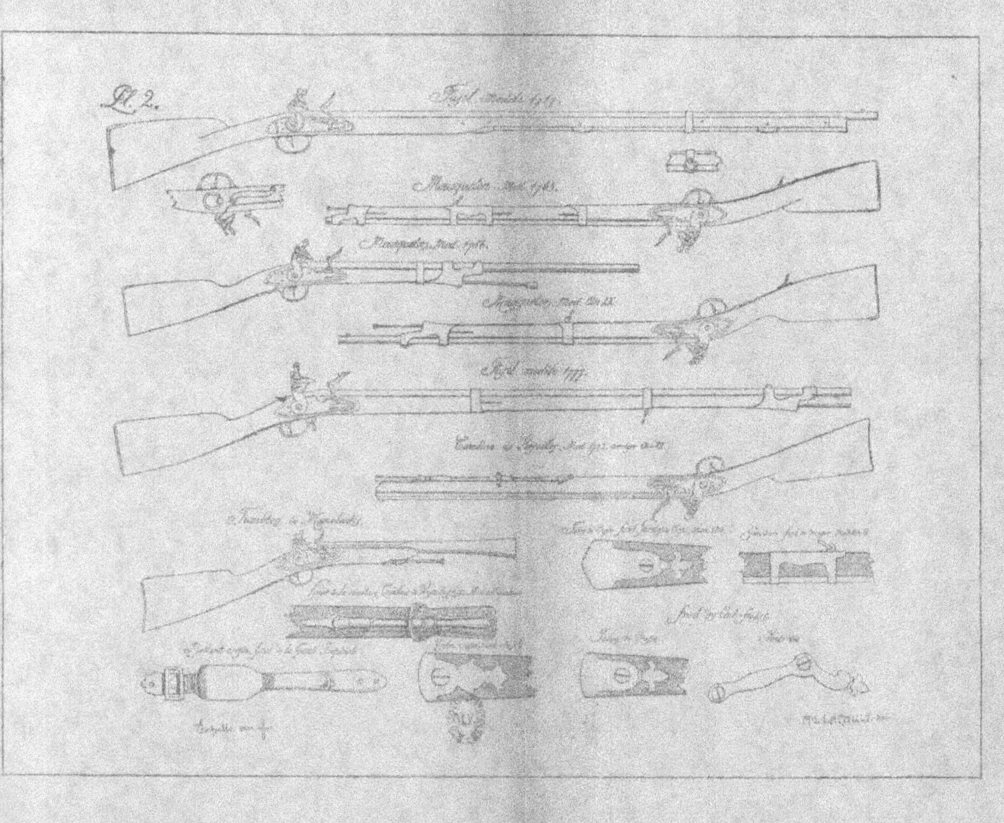

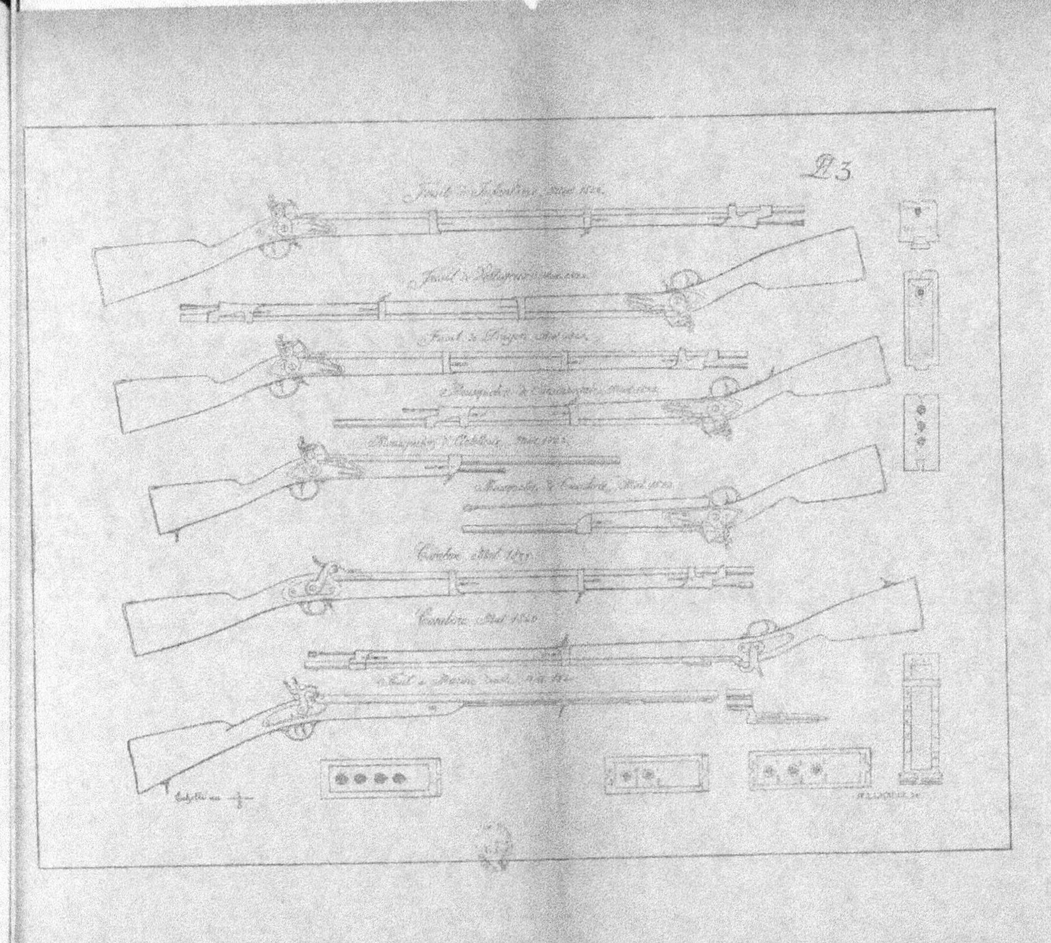
Pl. 3

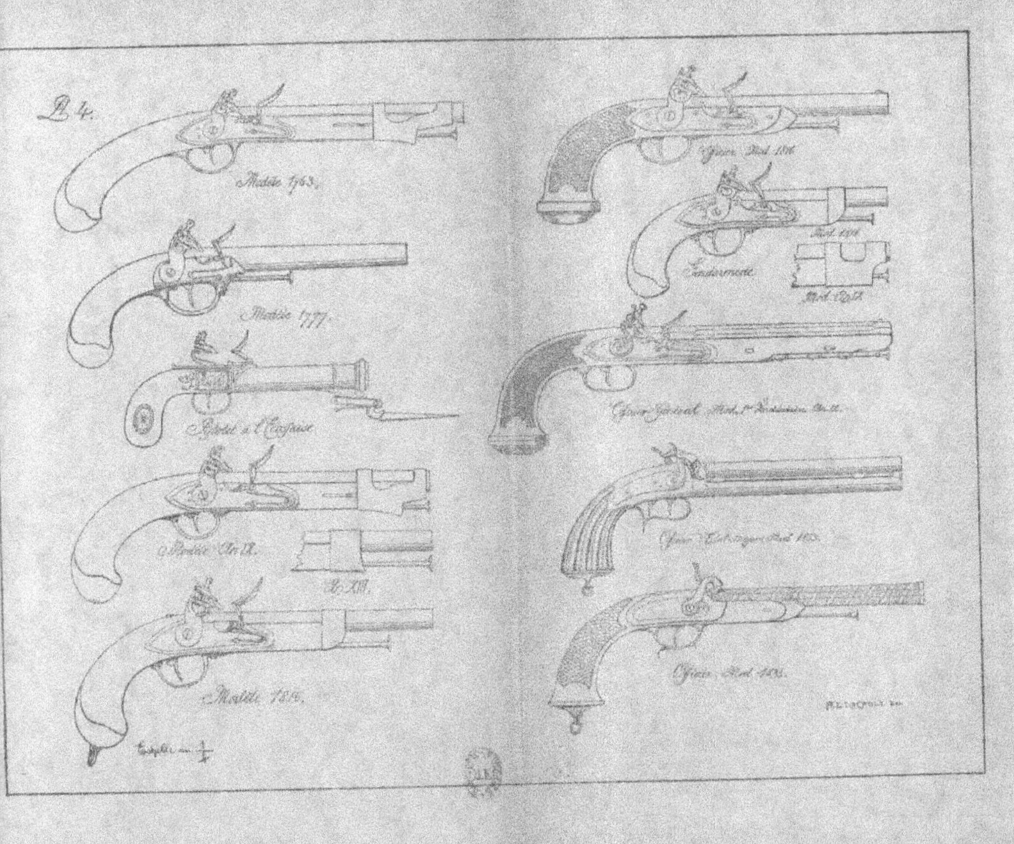

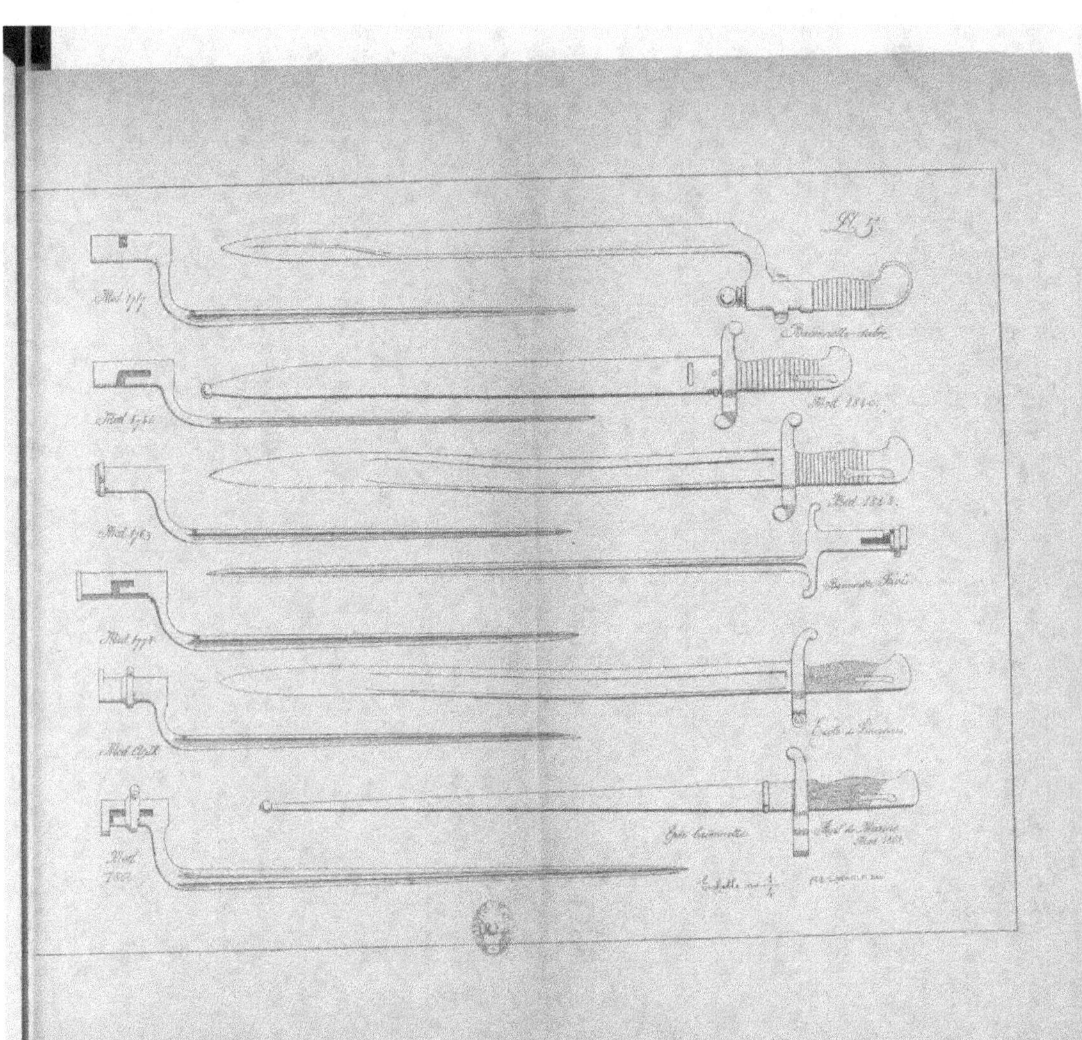
Pl. 5.